DIRK DEVOS · MANON DE WIT · ROBERT LUBBERDING

LEADING FROM BEHIND

WIE MUTMACHER UNTERNEHMEN BEFLÜGELN

Bibliografische Information der Deutschen Nationalbibliothek

Die Deutsche Nationalbibliothek verzeichnet diese Publikation in der Deutschen Nationalbibliografie. Detaillierte bibliografische Daten sind im Internet über http://dnb.d-nb.de abrufbar.

Für Fragen und Anregungen

info@redline-verlag.de

1. Auflage 2019

© 2019 by Redline Verlag, ein Imprint der Münchner Verlagsgruppe GmbH
Nymphenburger Straße 86
D-80636 München
Tel.: 089 651285-0
Fax: 089 652096

Copyright der Originalausgabe:
© Dirk Devos, Manon de Wit & Robert Lubberding 2018
© LID Publishing Limited, 2018
Die englische Originalausgabe erschien 2018 bei LID Publishing Limited unter dem Titel *Leading form Behind*.

Übersetzung: Bärbel Knill, Landsberg am Lech
Redaktion: Britta Fietzke, Frankfurt a. Main
Umschlaggestaltung: Laura Osswald
Umschlagabbildung: Caroline Li
Satz: Carsten Klein, Torgau
Druck: Firmengruppe APPL, aprinta Druck, Wemding
Printed in Germany

ISBN Print 978-3-86881-755-3
ISBN E-Book (PDF) 978-3-96267-126-6
ISBN E-Book (EPUB, Mobi) 978-3-96267-127-3

Weitere Informationen zum Verlag finden Sie unter

www.redline-verlag.de

Beachten Sie auch unsere weiteren Verlage unter www.m-vg.de

DIRK DEVOS · MANON DE WIT · ROBERT LUBBERDING

LEADING FROM BEHIND

WIE MUTMACHER UNTERNEHMEN BEFLÜGELN

REDLINE | VERLAG

Mein größter Dank gilt jenen, die immer für mich
da sind und akzeptiert haben, dass die Intensität
und der Fokus zu meiner Persönlichkeit gehören:
Nicole, Annabel, Valesca, Maxime, Ferre und Stijn.
Dirk

Für meinen Vater, meine Mutter und Wim.
Danke für Eure bedingungslose Liebe.
Manon

Janine,
Du bist die Liebe meines Lebens.
Ich danke Dir, dass Du mich akzeptierst,
wie ich wirklich bin, mit all meinen Licht-
und Schattenseiten.
Robert

Von nun an
werden die effektivsten Führer
von hinten führen,
nicht von vorne.

Er hält sich hinter der Herde
und lässt die Flinksten vorausgehen,
sodass die anderen folgen,
ohne zu erkennen, dass sie die ganze Zeit
über von hinten gelenkt werden.

Nelson Mandela

INHALT

VORWORT
VON DR. MARSHALL GOLDSMITH

Führung bedeutet, anderen zu helfen, ihr Bestes zu erreichen. Das gilt für den Einzelnen genauso wie für Teams. Führung ist einfach, aber nicht leicht.

Dirk, Manon und Robert haben Coachingmethode meisterhaft in ihrer Führungs- und Coachingpraxis umgesetzt. Jetzt können wir alle aus ihren Erfahrungen lernen – mit ihrem Buch *Leading from Behind*.

In diesem Buch stellen sie neun Praktiken vor, mithilfe derer Führungskräfte ihr eigenes Verhalten nachhaltig zum Positiven verändern können. Anhand eines Kreislaufs aus Feedback und Feedforward, mit dem sie ihre Schlüsselverhaltensweisen verbessern können, sind Führungskräfte in der Lage, die Bereiche zu identifizieren, mit denen die größte Wirkung erzielt werden kann, und sich darauf zu konzentrieren.

Die neun Praktiken zeigen Führungskräften auf, dass zwischen einem Auslöser und der Verhaltensweise eine bewusst getroffene Entscheidung liegt. Solche Auslöser kann die Führungskraft nutzen, um effektive Verhaltensweisen zu entwickeln, und so ihren Fokus auf die wichtigen Dinge zu richten, statt sich ablenken zu lassen und im Veränderungsprozess im Unternehmen Kraft und Energie zu verschwenden.

Die Konzepte, die in *Leading from Behind* dargelegt werden, passen perfekt zum stakeholderzentrierten Coachingmodell. Sie versorgen den Geber und den Empfänger von

Feedback mit einem zusätzlichen Kontext und maximieren damit die Relevanz und Wirkung dieser Information. Das Endergebnis des Ganzen ist, dass Führungskräfte ihren Lebenssinn und ihre eigenen Werte mutig leben können. Diese Konzepte – sofern man sie anwendet – bereichern jede Führungskraft auf ihrem Weg in der Unternehmenstransformation.

Als Führungskräfte wissen wir: Was uns bis hierhergebracht hat, wird uns nicht weiterbringen. Wenn wir das Beste in anderen (und uns selbst) zum Vorschein bringen wollen, ist *Leading from Behind* ein hervorragender Ausgangspunkt.

Machen Sie sich auf den Weg.

Das Leben ist schön,
Marshall Goldsmith

Marshall Goldsmith Ph.D., Bestsellerautor von Triggers

Dr. Marshall Goldsmith wurde von der American Management Association als einer der 50 großen Denker und Unternehmensführer anerkannt, die den Managementbereich in den vergangenen 80 Jahren beeinflusst haben – und von der Business Week als einer der einflussreichsten Fachleute in der Geschichte des Leadership Development. Marshall wurde zum No. 1 Leadership Thinker der Welt und einem der fünf einflussreichsten Business Thinkers der Welt, ebenso wie zum No. 1 Executive Coach unter den Thinkers50 2015 ernannt, deren Zeremonie alle zwei Jahre in London stattfindet.

EIN ZUTIEFST MENSCHEN-ZENTRIERTER ANSATZ

Es gab schon immer eine einzige Frage als Antriebsfeder für das, was wir tun: Wie bringen wir das Beste in jedem Menschen zum Vorschein – überall und jederzeit?

Uns wurde schon oft geraten, ein Buch zu schreiben über unsere ganz besondere Art und Weise, wie wir das Beste in jedem zum Vorschein bringen an jedem Ort, zu jeder Zeit.

Aber wir hielten das, was wir zu sagen hatten, nicht für einzigartig genug. Denn aus unserer Sicht hatten wir das meiste, was wir weitergaben, wiederum von unseren Lehrmeistern gelernt.

Nach vielen Jahren erkennen wir nun, dass unser einzigartiger Beitrag dieses einfache Anwendungsmodell sein könnte, das wir aus den Lehren und Erkenntnissen unserer Vordenker entwickelt haben: die *Leading from Behind*-Methode. Dieses Modell hat sich aus den Erfahrungen ergeben, die wir als Berater für Führungskräfte in der Unternehmenstransformation gemacht haben. Seitdem hat sich immer wieder gezeigt, wie effektiv es ist.

Wir freuen uns sehr, dass wir unsere Ergebnisse in diesem Buch mit Ihnen teilen dürfen; wir glauben, dass diese Ergebnisse das Potenzial haben, die Führung in der Unternehmenstransformation auf eine nächste, eine höhere Stufe zu bringen. Unsere Kunden sagen, diese Praktiken seien in ihrer Art und Zusammenstellung wirkungsvoll, transformativ und einzigartig, einfach, aber nicht banal, sie seien außerdem tragfähig und können Verbesserungen in exponentiellem Ausmaß bewirken.

Wir haben diese Praktiken aus den Gesprächen mit jedem einzelnen Kunden, Teilnehmer und Kollegen erlernt und entwickelt. Wir hoffen, unser grenzenloser Forschungsdrang in Bezug auf die Frage »Wie bringt man am einfachsten das Beste in jedem Menschen zum Vorschein, überall und jederzeit?« macht Ihnen Lust darauf, unsere bewährten Praktiken anzuwenden.

Wir möchten all unseren Mentoren und Lehrmeistern danken, die uns über viele Jahre eine nie versiegende Inspirationsquelle waren und ihre Weisheit mit uns teilten – im persönlichen Gespräch, in Workshops und im schriftlichen Austausch.

Es wäre uns eine Freude, wenn unser Ansatz im Arbeitsleben, aber auch im Privatleben der Menschen immer mehr angewandt würde. Im Wesentlichen geht es schließlich einfach nur um einen zutiefst menschenzentrierten Ansatz. Wir wünschen Ihnen beim Lesen viel Freude. Betrachten Sie dieses Buch als unseren kleinen Beitrag, um die Welt ein wenig besser zu machen.

Dirk Devos
Manon de Wit
Robert Lubberding

»Nicht die stärkste Spezies überlebt, sondern diejenige, die sich am besten anpassen kann.«

Leon C. Megginson, frei nach Charles Darwin

WARUM DIESES BUCH SO WICHTIG IST

Es gibt keinen Weg mehr zurück. Die Veränderungen sind turbulent und physisch spürbar in vielen Aspekten des sozialen und politischen Lebens, im Geschäftsleben und sogar im Alltagsleben der breiten Masse an Menschen. Bestehende Strukturen werden aufgebrochen; neue Arten von »Coopetition« (Cooperation & Competition) zwischen und innerhalb von Ökosystemen bilden sich heraus. Die letzte Option ist Anpassungsfähigkeit, in Kombination mit der Bereitschaft und der Fähigkeit, aus dem Möglichen das Beste zu machen.

Um in der Gesellschaft immer anpassungsfähiger zu werden, ist ein echter menschenzentrierter Ansatz erforderlich. Und um dies verwirklichen zu können, müssen wir überall und jederzeit das Beste aus jedem herausholen. Wie aber schaffen wir es, die Zeiger so umzustellen, dass wir von dem Punkt, an dem wir heute stehen, zu dem Punkt kommen, an dem wir sein wollen?

Wenn wir dies wirklich schaffen wollen, müssen wir aufhören, von Begriffen wie »Human Resources« zu sprechen – also Menschen als eine Art Rohstoff zu betrachten – und unser Denken öffnen, um besser und tiefer zu verstehen, was Menschen als Individuen und in der Gemeinschaft mit anderen antreibt.

EIN TIEFERES VERSTÄNDNIS VON MENSCHEN

Jeder Mensch wird in ein Familienumfeld hinein geboren und wächst dort auf, und dieses Umfeld prägt seine persönlichen Ansichten sowie seinen sozialen Dialog im Leben. Die Gruppen und Beziehungen, in denen ein Mensch lebt, können seine besten, aber auch seine schlimmsten Eigenschaften zutage fördern.

Unternehmen sind soziale Gebilde aus vernetzten Konversationen, gesteuert durch explizite und implizite allgemeingültige Regeln. So wird die Infrastruktur des Dialogs im Unternehmen geformt.

Meetings sind Versammlungen, in denen Ansichten und Ideen ausgetauscht werden, um gemeinsame Lösungen zu finden. Diese Diskussionen ermöglichen es Unternehmen, Fortschritte zu machen und sich weiterzuentwickeln. Meetings sind jedoch auch der Ort, an dem wir unser eigenes Bedürfnis ausleben, dafür, wer wir wirklich sind und was wir beizutragen haben, gesehen, gehört und wertgeschätzt zu werden. Meetings sind der perfekte Ort, um Dominanz auszuüben und Konflikte auszutragen, in der Hoffnung, dass wir am Ende unsere Ziele erreichen werden.

Im Arbeitsalltag ist unser Kalender vollgestopft, ein Meeting nach dem anderen. Wir sitzen in Konferenzräumen, die uns unserer Energie berauben, und wiederholen, an langen Tischen sitzend, die ewig gleichen unproduktiven und dysfunktionalen Rituale.

In der Folge entstehen unsichtbare menschliche Bindungen – sowohl intrapersonaler als auch interpersonaler Natur – und formen systemische Verbindungen, die man in der Unternehmenswelt als Unternehmenssilos kennt. Diese Silos können die Strukturen von wichtigen Gesprächen in der Dialoginfrastruktur zerstören. Ängste bauen sich auf und blockieren eine menschenzentrierte Sichtweise. Wenn das passiert, merken wir, dass wir jede Neugier und jeden Forschungsdrang verlieren, was wiederum unsere Anpassungsfähigkeit ausbremst.

Die neuere Forschung[1] hat zwei Kernantriebe identifiziert, die für die Entwicklung eines Unternehmens entscheidend sind: der Aufbau von vertrauensvollen Beziehungen und das Fördern und Pflegen eines dauerhaften kollektiven Hinterfragens der Sinnhaftigkeit. Man nennt dies das »Fördern von produktiven Beziehungen«. Mit steigender Komplexität und zunehmenden Ängsten in einem Unternehmen kann man beobachten, dass die Beziehungsstrukturen zusammenbrechen und die Fähigkeit zur kollektiven Strategiefindung verloren geht.

Die meisten von uns reagieren intuitiv auf eine schwierige Gruppendynamik. Wir wenden automatisierte Reflexe an und wiederholen vertraute Verhaltensmuster, um uns durch die Höhen und Tiefen in den Teams und überall im Unternehmen durchzulotsen. Manchmal funktioniert das, manchmal nicht. Als Metapher dafür können Sie sich vorstellen, wie die neuesten Software-Applikationen auf einem völlig veralteten Betriebssystem laufen würden – und das Chaos, das die unvermeidlichen, andauernden Systemzusammenbrüche anrichten würden.

Wir glauben, es ist nun endlich an der Zeit, dass wir unsere Denkweise von Kommandieren und Kontrollieren auf das *Leading from Behind* upgraden. Und zwar in dem Sinne, dass wir nicht nur darüber reden, sondern unser tagtägliches Verhalten wirklich verändern, so dass wir als Vorbild im *Leading from Behind* vorausgehen.

Menschen, die außergewöhnliche
Leaders from Behind sind, sind mit hoher
Wahrscheinlichkeit anders als Menschen,
die sich dadurch hervorgetan haben,
dass sie von der Front führten.
Und hier stellt sich uns die Frage:
Erkennen wir Führungskräfte, die den
kollektiven Geist und seine Energien
anzapfen können, und fördern wir
eben solche Führungskräfte?

Linda A. Hill

DIE INNERE KOMPASS-NADEL NEU AUSRICHTEN

Um eine Veränderung in Richtung des *Leading from Behind* zu erreichen, benötigen wir einen mächtigen Hebel, mit dem wir die Wirkung des internen Dialogs im Unternehmen radikal umformen können. Aus Zehntausenden von Gesprächen haben wir neun menschenorientierte Transformationspraktiken herausgefiltert, die zusammen das Praxismodell *Leading from Behind* bilden. Auch wenn diese neun Praktiken von der Theorie gestützt werden, sind sie doch aus der Praxis hervorgegangen und haben sich als hocheffektiv erwiesen. Sie sind einfach, aber wirkungsvoll. Jede dieser Praktiken verspricht eine leidenschaftliche kollektive Energie, exponentielle Beschleunigung und nachhaltige Wirkung auf das Unternehmen. Wie das geht? Indem in jeder Person jederzeit und überall das Beste zum Vorschein gebracht wird.

Vor allem verschaffen Ihnen diese neun Praktiken enorm viel zusätzliche Zeit. Wie das? Weil sie unsinnige und energieraubende Aktivitäten radikal reduzieren, nämlich die Missverständnisse, Fehlausrichtungen und Reibungsverluste, die es überall in Unternehmen gibt, wenn Menschen versuchen, zusammenzuarbeiten.

Vielleicht erschließt sich Ihnen der logische Modellaufbau nicht sofort. Deshalb laden wir Sie ein, sich auf die irrationale und nicht lineare Wirkungsweise des Praxismodells *Leading from Behind* einzulassen. Denn genau hier liegt die wahre, transformierende Kraft des menschenzentrierten Ansatzes: im Bereich des Irrationalen. Rationalität ist nur ein winziger Bruchteil der menschlichen Fähigkeiten. Doch das, woran

wir glauben – und die Vorbilder, deren Handlungsweise wir sehen –, trägt dazu bei, unsere Welt zu verändern. Wenn wir anpassungsfähiger werden wollen, müssen wir unsere Vorstellungen darüber ändern, was Menschen motiviert. Bis heute haben wir uns an früheren Generationen von Führungskräften orientiert, und wir haben vieles von deren Überzeugungen und Verhaltensweisen kopiert, um Veränderungen herbeizuführen. Doch das Problem ist, dass viele von diesen Überzeugungen und Praktiken heute nicht mehr greifen.

In den folgenden Kapiteln finden Sie eine Beschreibung der neun Praktiken, die Ihnen sehr schnell helfen werden, die Zeiger zu drehen, auf eine Stelle, die viel eher erstrebenswert ist. Die Praktiken müssen rigoros angewandt werden, und sie werden durch Vorbildfunktion weiter multipliziert. So bringt man das Beste in jedem zum Vorschein, überall und jederzeit. Fangen wir an.

WIE ES SEIN KÖNNTE – DIE VISION

STELLEN SIE SICH VOR, DASS …

- Ihre Führungskräfte inklusiv handeln und die richtigen Menschen mit dem richtigen Talent zum Meeting einladen.

- jedes Meeting mit einer wirkungsvollen Frage beginnt, sodass die tatsächlichen Herausforderungen angegangen werden.

- es in jedem Meeting darum geht, das Beste aus Ihnen und Ihren Kollegen herauszuholen.

- Sie sich auf das Team verlassen können, wenn es brennt.

- Sie kontinuierlich von jedem im Team den vollen Einsatz bekommen.

- jeder auch unter hohem Druck seine Emotionen im Griff hat.

- Sie den Kopf frei haben für Neues, Sie altes Schrankendenken überwinden, sich öffnen und als Führungskraft wachsen.

- Sie Ihre eigenen Vorstellungen von Sinn, Werten und Visionen direkt ins Unternehmen einbringen können.

- Sie die Kraft für offene, mutige Gespräche haben, um klare Lösungen herbeizuführen und prompte Entscheidungen treffen zu können.

- sich die Mitglieder im gesamten Team gegenseitig durch kontinuierliches Feedback/Feedforward coachen.

- Sie Ihre Ängste in Mut und Zuversicht verwandeln und machen, was Sie machen müssen, damit es gut wird.

Das Beste aus jedem herauszuholen, überall und jederzeit, ist gar nicht so schwierig. Man muss sich nur dazu entschließen.

DAS PRAXISMODELL LEADING FROM BEHIND

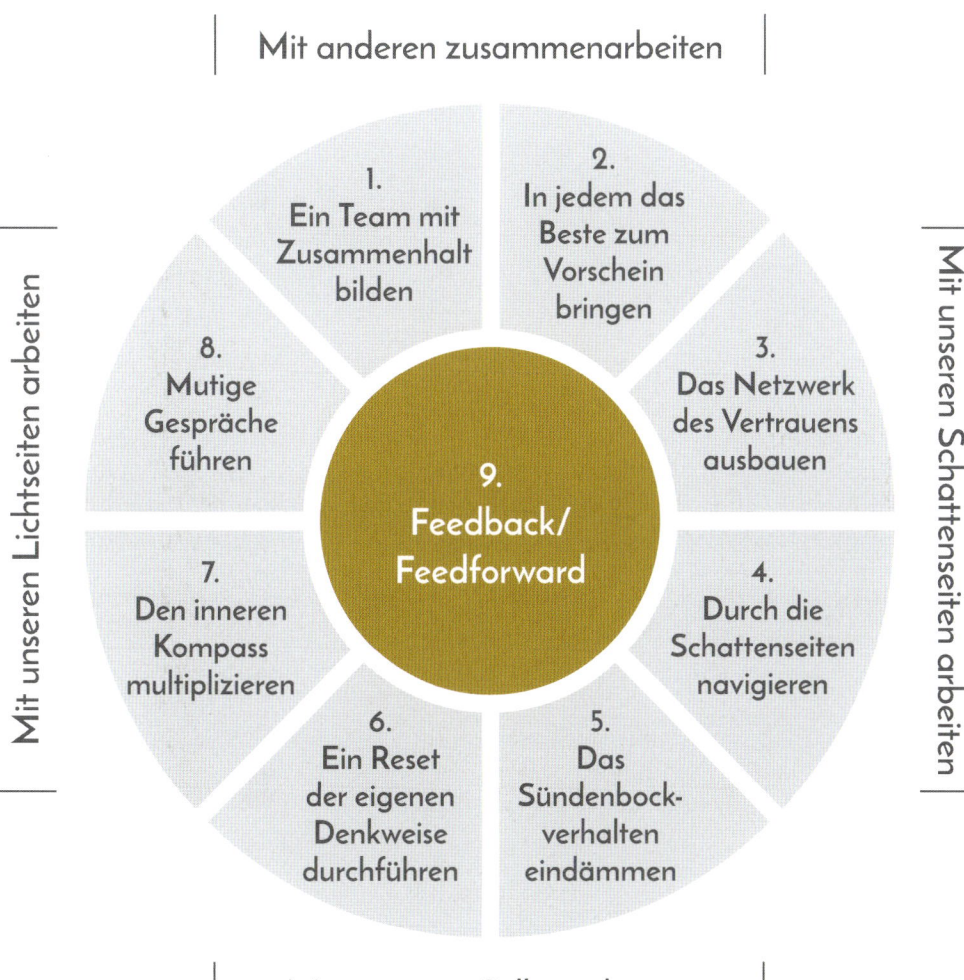

WIE MAN DAS PRAXIS-MODELL LEADING FROM BEHIND ANWENDET

Das Praxismodell *Leading from Behind* ist um zwei Spannungsbereiche herum kreisförmig aufgebaut, mit neun Praxisabschnitten, anhand derer sich diese Spannungsbereiche steuern lassen. Diese Abschnitte liefern ein präzises und immer wieder anwendbares Modell, das – wenn es sorgfältig benutzt wird – Ängste reduziert, zu mutigem Handeln befähigt und dafür sorgt, dass Teammitglieder vermehrt eine Vorbildfunktion übernehmen.

Egal in welcher Rolle, egal zu welchem Zeitpunkt und egal in welchem Kontext – eine Führungskraft steht immer zwei Bereichen gegenüber: dem inneren Bereich des Selbst und dem äußeren Bereich der Beziehungen zu anderen. In diesen zwei Bereichen wirken wiederum zwei verschiedene Kräfte: die Licht- und die Schattenseite. Die Lichtseite steht für unsere positiven, konstruktiven Überzeugungen, Werte und Verhaltensweisen; die Schattenseite für unsere negativen, destruktiven und dysfunktionalen Überzeugungen, Werte und Verhaltensweisen.

Jede Führungskraft, die eine Transformation herbeiführen will, bewegt sich innerhalb dieser ultimativen Kräfte. Sie sind der innerste Kern jedes Handelns. Und wir Autoren sind der Überzeugung, dass jeder einerseits die Führung durch eine Einzelperson braucht, aber ebenso auch eine kollektive Führung durch jedes einzelne Teammitglied.

Sie können den Transformationsprozess mit Praktik Nummer 1 beginnen – *Ein Team mit Zusammenhalt bilden* –, und dann der Reihe nach dem Modell folgen bis zur Praktik Nummer 9 – *Feedback/Feedforward*. Man kann aber auch sofort tief in das Modell eintauchen, mit einer Praktik, die für eine spezifische Gruppe zu einem spezifischen Zeitpunkt relevant ist. Als idealen Einstieg würden wir zu einer Mischung aus beiden Herangehensweisen raten: Machen Sie sich zuerst mit dem Modell vertraut, und dann beginnen Sie an einem Punkt, den Sie für Ihr Team als den passendsten Einstieg halten.

Ein Team mit Zusammenha bilden

1. EIN TEAM MIT ZUSAMMENHALT BILDEN

EIN GESUNDES, INTEGRATIVES TEAM FORMEN

Menschliche Systeme mögen keine Veränderungen. Es gilt die Regel: Wir bleiben gerne in unserer Komfortzone und halten uns an das uns Vertraute. Wir bleiben lieber in bekannten Mustern, anstatt unterschiedliche Ansichten zu integrieren und unser Verhalten zu verändern, uns anzustrengen und anpassungsfähiger zu werden. Dieses Verhalten ist fest verankert in unserer DNA und besteht aus drei Zuständen:[2]

- **unser neugieriges Selbst** – die Kraft, die andere Ansichten aufnehmen und integrieren will;
- **unser repetitives Selbst** – das Bedürfnis, nach Ähnlichkeiten zu suchen;
- **unser exploratives Selbst** – das Bestreben, aktiv nach anderen Ansichten zu suchen.

Wenn Menschen sich außerhalb ihrer Komfortzone befinden, entwickeln sie vermehrt Ängste und knüpfen unsichtbare Verbindungen mit anderen Gruppenmitgliedern. Diese Verbindungen verändern die Fähigkeiten jedes Einzelnen, die individuelle Energie, Neugier und den Anpassungs- sowie Forschungsdrang einzusetzen, und veranlassen ihn, sein Routineverhalten zu verstärken.

Genau diese unsichtbaren Verbindungen sind es, die innerhalb von Gruppen Abgrenzungen schaffen. Wenn sich dieses

Muster wiederholt und multipliziert, kann dies zur Fragmentierung im Unternehmen führen – eines der hartnäckigsten strukturellen und kollektiven Hindernisse dafür, in einem Unternehmen das Beste aus allen herauszuholen.

Eines ist erforderlich, um die Ängste der Einzelnen – und in der Konsequenz die Konflikte zwischen Gruppenmitgliedern – zu reduzieren: Einheit. Sie ist für Einzelpersonen und Gruppen ganz wesentlich, um sich gemeinsam weiterzuentwickeln und sich an die Welt mit ihren rasanten Veränderungen anzupassen..

Es gibt drei systemische Gesetze für soziale Strukturen, die berücksichtigt werden müssen, wenn man Einheit in einem Unternehmen schaffen möchte. Man kann sie im Akronym »BOB« zusammenfassen:[3]

- **Bindung** (engl. *bonding*) – Inklusion/Exklusion
- **Ordnung** (engl. *order*) – die natürliche Rangfolge/Hierarchie respektieren
- **Gleichgewicht** (engl. *balance*) aus Geben und Nehmen

Die Einheit innerhalb eines Unternehmens resultiert aus der Schaffung und Weiterentwicklung eines internen Dialogsystems, das eine Fragmentierung so weit wie möglich verhindert.

Jeder Mensch wünscht sich ein Gefühl der Zugehörigkeit, und jede soziale Gruppe hat ihre eigenen Regeln von Inklusion und Exklusion. Inklusion bedeutet, dass man dafür sorgt, dass die richtigen Leute zu den entsprechenden Kreisen gehören, um die dort relevanten Angelegenheiten zu besprechen. Exklusion führt zu strukturellen Abgrenzungen, die unsichtbare Mauern errichten und Menschen, Teams und Gruppen voneinander trennen. Dies wiederum verursacht eine strukturelle Fragmentierung, die zur Bildung von Unternehmenssilos führt.

Um eine solche Störung in einem Unternehmen zu verhindern, ist es unbedingt erforderlich, dass alle Beteiligten die Ordnung, also die Rangfolge, respektieren. Das bedeutet Respekt gegenüber Schlüsselspielern, gegenüber der Hierarchie, der Kultur, den großen Momenten, den Ritualen und den Leistungen. Dieser Respekt ist die Voraussetzung, wenn man den Kurs für die Zukunft planen will.

Wo immer es ein Ungleichgewicht im Geben und Nehmen gibt, wird das Unternehmen ebenfalls eine Fragmentierung erleiden.

Es erfordert enormen Mut, ein Unternehmen so aufzubauen, dass die drei fundamentalen Gesetze der sozialen Strukturen – Bindung, Ordnung sowie ein Gleichgewicht von Geben und Nehmen – respektiert werden, sowohl in ihren Entscheidungsprozessen als auch in den Maßnahmen, die für eine Veränderung nötig sind.

In einer Welt aus ineinandergreifenden Ökosystemen, in denen noch viel Unklarheit und Komplexität vorherrscht, greifen die oben genannten Prinzipien sogar noch mehr. Wer ist in, wer ist out? Wer hat welche Rolle in der Wertschöpfungskette? Wie können wir das Gleichgewicht zwischen Geben und Nehmen aufrechterhalten? Diese Fragen sind entscheidend für Kontinuität, Effektivität und Wertschöpfung in einem Netzwerk.

Wenn es um die entscheidenden Fragen geht, ist es in jedem Unternehmen eine hocheffiziente Methode, im Team zu arbeiten und eine Gruppe mit Zusammenhalt zu schaffen, die unternehmerische Verantwortung übernimmt.

Als Einstein gefragt wurde, was er tun würde, wenn er ein komplexes Problem in 60 Minuten lösen müsste, antwortete er: »Ich würde 55 Minuten damit verbringen, die Kernfrage

zu identifizieren, mit der man das Problem lösen könnte. In den restlichen fünf Minuten würde ich versuchen, die Antwort darauf zu finden.« Ganz ähnlich funktioniert auch eine der effektivsten Vorgehensweisen für Führungskräfte: mehr Zeit und Aufmerksamkeit darauf verwenden, die Kernfragen zu formulieren, und dann die Teams zu mobilisieren, um in der Zusammenarbeit die besten Antworten darauf zu finden.

Die optimale Dialogstruktur verläuft gemäß den folgenden Prioritäten für Führungskräfte:

- Arbeiten wir gerade an der Lösung der richtigen Kernfrage?
- Sitzen die richtigen Leute, die sich um diese Frage kümmern sollten, gerade in diesem Raum?
- Hat jeder hier im Raum gerade die Gelegenheit, sein Bestes zu geben?

FALLBEISPIEL: EIN TEAM MIT ZUSAMMENHALT BILDEN

Ein internationales Unternehmen für Finanzdienstleistungen bemühte sich schon seit einiger Zeit darum, einen strategischen Durchbruch für seine Angebote im Bereich Onlinebanking zu erreichen. Es sollte eine Lösung gefunden werden, die es potenziellen Neukunden ermöglichen würde, direkt über das Handy einen Kredit aufzunehmen. Doch die herrschende komplexe Gesetzeslage für Banken und die damit zusammenhängenden Technologien bildeten hier große Hürden.

Gemeinsam mit den Führungskräften des Unternehmens war es unsere Aufgabe, eine wirkungsvolle Kernfrage zu finden und zu formulieren. Eine solche wirkungsvolle Kernfrage ist offen und beginnt entweder mit Warum, Wie oder Was. Sie hilft der Gruppe, die Wurzeln und Gründe eines Problems in der Rückschau zu erklären oder herauszufinden, wohin es in Zukunft gehen könnte. Die Rolle der Führungskraft ist es dabei, zu reflektieren und eine maximal relevante Frage zu formulieren, die dem Team dabei hilft, den eigenen Weg zu finden. Der nächste Schritt war für uns, die Leute zu finden und einzuladen, die durch ihre Fähigkeiten in der Lage wären, in einem eigens dafür angesetzten Meeting diese Frage zu beantworten. Um diese Suche effizient zu gestalten, mussten die Führungskräfte nach Talenten außerhalb ihrer eigenen Abteilungen Ausschau halten, aber auch einzelne Mitarbeiter miteinbeziehen, die an dieser Aufgabe schon lange Zeit gearbeitet hatten.

Dabei war es wichtig, dass – bei aller Loyalität – niemand aus Höflichkeit eingeladen wurde.

Als die neuen Leute anfingen, über das Problem zu diskutieren, wurde bald klar, wie viel mehr Informationen, Erkenntnisse und Teillösungsansätze bereits in einzelnen Nischen des Unternehmens gefunden und entwickelt worden waren. Von der ursprünglichen Einladungsliste war über ein Drittel der Teilnehmer durch andere mit den richtigen Fähigkeiten ersetzt worden.

Damit sich jeder Teilnehmer vorbereiten konnte, waren alle bisherigen Erkenntnisse und Informationen in einem alles umfassenden Paket gebündelt und vor dem Meeting verteilt worden. Auch die Kernfragen für das Meeting waren im Vorfeld kommuniziert worden, so dass sich jeder schon einmal selbst Gedanken über das Problem machen konnte. Im Meeting selbst gab es keine Powerpoint- oder sonstige Präsentationen. Nach einer einstündigen Teambuilding-Übung mit einer Gruppe von 16 Teilnehmern – wobei sich viele zum ersten Mal begegneten – bat man sie, sich ein paar Minuten Zeit zu nehmen und über die Kernfragen nachzudenken. Dann sollten sie Paare bilden, spazieren gehen und dabei ihre Gedanken, Erkenntnisse und Vorschläge miteinander besprechen. Am Ende dieser Übung wurde klar, dass jedes der Paare Vorschläge hatte, die in Kombination einen umfassenden Ansatz bilden konnten, um das Problem zu lösen. Damit hatte das Team in der Zusammenarbeit einen hochqualifizierten Plan entworfen. In nur vier Stunden erzielte diese interdisziplinäre Gruppe, die zuvor noch nie vorher zusammengetroffen war, einen entscheidenden Durchbruch.

In jedem das Beste zum Vorschein bringen

2. IN JEDEM DAS BESTE ZUM VORSCHEIN BRINGEN

WIE MAN MENSCHEN DAZU BRINGT, KONSTANT IHR BESTES ZU GEBEN

Wenn einmal die richtige Konstellation an Menschen in einem Raum versammelt ist, bereit, ihre Fähigkeiten einzubringen und in Zusammenarbeit die wirkungsvolle Kernfrage zu lösen, dann ist es Zeit, in jedem das Beste zum Vorschein zu bringen. Das erfordert eine tiefere Kenntnis der Teamdynamik und ein Bewusstsein für die eigene Rolle innerhalb dieses Teams. Es beginnt damit, dass man für einen Ausgleich zwischen den vier hier wirkenden Aktionstypen sorgt:[4]

- **Beweger** (engl. *mover*) – liefert Ideen, wo es hingehen soll, und gibt eine Richtung vor, über die man dort hingelangt.
- **Unterstützer** (engl. *follower*) – greift die vorgeschlagenen Ideen auf und unterstützt deren Durchführung.
- **Herausforderer** (engl. *opposer*) – korrigiert die vorgeschlagenen Ideen und hinterfragt sie, um die Qualität sicherzustellen.
- **Überblicker** (engl. *bystander*) – liefert der Gruppe eine Perspektive.

Ein Top-down-Führungsansatz macht es schwer, hier für einen Ausgleich in der Dynamik zu sorgen. Doch gute Führungskräfte haben die Fähigkeit, die kollektive Intelligenz der Gruppe freizusetzen. Sie treten einfach zur Seite, machen den Weg frei und lassen ihre Teams herausragende

Ergebnisse erzielen. Dadurch bekommen die einzelnen Mitglieder und das gesamte Team ein Gefühl von Verantwortung und Beteiligung am Unternehmen. So gewinnt der Einzelne mehr Selbstwertgefühl, und unter den Teammitgliedern entsteht Vertrauen und das Gefühl des »Wir schaffen das«.

Dies ist besonders wichtig für große Unternehmen, die von einem Führungsstil wegkommen wollen, der aus Kommandieren und Kontrollieren besteht, hin zu einem Stil der Anpassungsfähigkeit und Agilität. Verantwortung und Ressourcen werden an tief in der Organisation tätigen Mitarbeiter delegiert, so dass sie den Fokus auf kundenzentriertes Arbeiten, Innovation und Wertschöpfung lenken können.

Eine Konsequenz von Top-down-Führungsmodellen ist, dass sich dieser Stil durch das gesamte Unternehmen zieht. Bei diesem Modell funktioniert die Aufmerksamkeits- und Wertschätzungskette unter Mitarbeitern von unten nach oben: Die Mitarbeiter schenken ihren Vorgesetzten mehr Wertschätzung und Aufmerksamkeit als ihren Teamkollegen, in der Hoffnung, dass der Vorgesetzte sie sieht, hört und ebenfalls wertschätzt.

Wenn wir wirklich Anpassungsfähigkeit entwickeln wollen, müssen wir diese Wertschätzungskette unbedingt umkehren: Führungskräfte coachen Führungskräfte, diese wiederum coachen ihre Teammitglieder, die wiederum ihre Kunden, ihre Partner im Ökosystem und ihre Kollegen. Das ist das Wesen und der Kern des *Leading from Behind*.

Viele von uns haben gelernt, dass Menschenführung darin besteht, »alles zu wissen«, »anderen die Richtung zu weisen« und »ihnen zu erklären, wie sie dorthin kommen«. Ganz im Gegensatz dazu bedeutet Leading from Behind, das gemeinschaftliche Vorankommen zu fördern und die Wirkungskraft dieser Gemeinschaft zu maximieren – im Sinne einer *Collective Leadership* –, und dazu ist ein Ausgleich in der Gruppendynamik erforderlich.

Leading from Behind verlangt von einer Führungskraft, dass sie darauf achtet, nicht dem starken Drang nachzugeben, ihr Team anzutreiben oder ihm eine Richtung vorzugeben. Empfohlene Verhaltensweisen sind zum Beispiel: weniger reden, wirkungsvolle Kernfragen stellen und als Letzter sprechen. Bremsen Sie sich ein, dann kommen Sie schneller voran!

Leading from Behind erfordert konkret:

- **Followership:** einen Coachingstil haben, der Teammitglieder ermutigt und ihnen die emotionale Unterstützung gibt, damit sie Verantwortung übernehmen können und die Dinge voranbringen.

- **Challenging:** wirkungsvolle, echte und offene Fragen stellen und dabei die Perspektiven der anderen respektieren.
- **Observing:** aktiv Feedback/Feedforward geben, das dem Team hilft, gemeinsam voranzukommen.

Feedback bedeutet zurückzublicken und eine Person über ihr Verhalten und dessen Auswirkungen reflektieren zu lassen. Der Vorteil davon ist, dass hier eine Gelegenheit für ein offenes, mutiges Gespräch entsteht. Das Risiko dabei ist, dass ein Team sich dadurch im Kreis bewegt und zurückkehrt zu dem Punkt, an dem es begonnen hat. Feedback setzt man am besten ein, wenn man ein dysfunktionales Muster eliminieren will.

Feedforward bedeutet, Perspektiven aus der Gegenwart in die Zukunft zu projizieren und dabei die Verhaltensweisen zu beschreiben, die Sie gern sehen würden, sowie herauszufinden, was dafür nötig ist. Der Vorteil davon ist, dass das Team hier in Zusammenarbeit die Bedingungen und den gewünschten Weg selbst entwirft. Das Risiko ist, dass man sich nicht mit den destruktiven Mustern auseinandersetzt. Feedforward setzt man am besten ein, wenn man einen gemeinsamen Weg beschleunigen will.

Die wichtigste Lektion für Führungskräfte, die sich verbessern wollen, ist: Hören Sie auf, der Gruppe Ideen zu liefern und Vorschläge zu machen! Wenn Führungskräfte ständig ihre eigenen Gedanken und Perspektiven darlegen und ihr Team auch demgemäß steuern, dann hat die Gruppe keine Chance, selbst eine unternehmerische Denkart zu entwickeln. Die Führungskraft steht dem im Wege. Wenn Führungskräfte dies tun, blockieren sie ihre Teams und verhindern, dass sie einen gemeinsamen Weg finden, um voranzukommen.

Und schließlich braucht die Gruppe auch ein gutes, stabiles Gleichgewicht[5,6] aus Fürsprache und Infragestellung.

Die Fürsprache wird charakterisiert durch eine intensive, wiederholte Dynamik zwischen Beweger und Herausforderer (Ideen und Richtung versus Infragestellung) in Form von kritischen Diskussionen. Wenn in Diskussionen die Anspannung steigt, nehmen die restlichen Teammitglieder die Aktionstypen Unterstützer und Überblicker an und ziehen sich aus der hitzigen Debatte zurück. Je mehr die Ängste im Raum zunehmen, desto weniger Menschen werden sich am Gespräch beteiligen. Es ist ganz entscheidend, dass Sie hier in der Lage und auch willens sind, eine intensive Debatte aufrechtzuerhalten, ohne sie eskalieren zu lassen. Die beste Art, diese Diskussionen weiterzuführen und positiv voranzubringen, ist, die Technik der Fragestellung anzuwenden.

Dabei stellt man wirkungsvolle, offene Fragen mit wertschätzender Intention, die eine aktive, intensive und wiederholte Unterstützer-Überblicker-Dynamik hervorruft (Feedback/Feedforward geben und dabei positive Schubkraft aufbauen).

Durch diese Technik der offenen Fragen werden Spannungen abgebaut und die Gesprächsatmosphäre lockert sich wieder, während gleichzeitig die Ängste in der Gruppe abgebaut werden. Nur durch diese wirkungsvollen, offenen Fragen kann das Team hier weiterkommen.

Wenn Sie als Führungskraft alle vier Verhaltensweisen der Aktionstypen im Team beherrschen wollen, müssen Sie sich folgende Eigenschaften aneignen:[5]

- **Eine klare Stimme** (des Bewegers), um die Richtung, in die es gehen soll, unmissverständlich auszudrücken.
- **Tiefes, intensives Zuhören** (des Unterstützers), um die vom Beweger vorgeschlagene Richtung zu verstehen, wie auch die Herausforderungen vom Herausforderer und die Perspektiven vom Überblicker.
- **Respekt gegenüber abweichenden Meinungen** (des Herausforderers), um das Vertrauen in der Gruppe aufrechtzuerhalten.
- **Kritische Betrachtungsweise** (des Überblickers), um sich eine offene Denkart zu bewahren.

Leading from Behind ist eine wirkungsvolle Methode, um für die drei systemischen Anforderungen optimale Bedingungen zu schaffen, die wir hier erwähnt haben: *Bindung*, *Ordnung* und *Gleichgewicht*. Durch sie bringt die Führungskraft auch jeden Teilnehmer dazu, seinen bestmöglichen Beitrag zum Gespräch zu liefern, so dass die Gruppe ihre bestehenden kollektiven Geschichten und Überzeugungen ändern kann – in solche, die erfrischend und neu sind.

Der Ansatz des *Leading from Behind* schafft Begeisterung für eine kontinuierliche Weiterentwicklung. Dadurch werden Ängste abgebaut, die Menschen fühlen sich allmählich sicherer und beginnen, an die neue Vision und Richtung des Teams zu glauben.

Leading from Behind vervielfacht das unternehmerische Denken im gesamten Unternehmen. Die Mitarbeiter folgen ihren eigenen Überzeugungen und verwirklichen sich damit selbst.

FALLBEISPIEL: IN JEDEM DAS BESTE ZUM VORSCHEIN BRINGEN

Ein Executive Manager in einer internationalen Finanzgruppe hatte besorgniserregendes Feedback bezüglich seines Führungsstils bekommen. Der allgemeine Tenor war, dass er wie ein Superexperte agiere und immer das letzte Wort haben müsse. Seine Mitarbeiter waren eingeschüchtert, und einige von ihnen hatten schon resigniert. Keiner im Team fühlte sich motiviert, und keiner wagte es, je dem Standpunkt des Executives zu widersprechen.

Dem Executive wurde ein Coaching zur Kurskorrektur angeboten, um eine Lösung für die Situation zu finden. Bei diesem Prozess erklärte er sich zu einer radikalen Veränderung bereit: Er würde einen völlig anderen Führungsstil annehmen. Anstatt frontal zu führen – was sehr viel Kontrolle erfordert, wie Richtungsanweisungen und Mikromanagement –, würde er nun *Leading from Behind* praktizieren. Das bedeutete, dass er die Gruppe anleiten würde, indem er ihnen Fragen stellte, und dass er die Mitglieder ermuntern würde, ihre besten Ideen offenzulegen, Eigeninitiativen zu entwickeln und unternehmerisch zu denken, indem sie gemeinsame Entscheidungen trafen. Das Coaching half diesem Vorgesetzten, seine Verhaltensmuster, die sein dysfunktionales Verhalten bedingten, sowie die ihnen zugrundeliegenden Überzeugungen und wiederum deren tiefere Gründe und Emotionen herauszufinden, offenzulegen und umzuformen.

Einer der ersten Schritte, die dieser Executive unternahm, war, sein Managementteam auf eine Offsite-Klausur einzuladen, die er als »Leadership Journey« bezeichnete. Der dreitägige Aufenthalt in den Bergen sollte eine neue Ausgangsbasis für das Team schaffen. Die Idee wurde mit Skepsis aufgenommen, denn es herrschte nur wenig Vertrauen im Unternehmen und die Mitarbeiter fragten sich, was der Vorgesetzte damit wohl im Schilde führen könnte.

Während der Reise öffnete sich der Vorgesetzte und ließ seine Manager wissen, welch große Wirkung diese Transformationsmaßnahme auf ihn gehabt hatte. Er erklärte ihnen, wie sehr er die Auswirkungen seines Führungsstils auf die Menschen in seinem Umfeld unterschätzt hatte und dass er ihr Vertrauen zurückgewinnen wollte. Er lud alle Teammitglieder ein, ihn in seinem persönlichen Transformationsprozess zu unterstützen, und bat sie um Hilfe, um die Gesamtleistung des Teams zu verbessern.

Die Klausur bestand aus Wanderungen, Gesprächen und Phasen der Stille. Kern des Prozesses waren Infragestellung und Selbstreflexion, eingeleitet durch wirkungsvolle Leitfragen. Die Teilnehmer wurden aufgefordert, eigene Erkenntnisse und Erfahrungen einzubringen und aufrichtig über ihre Gefühle zu sprechen. Sie sprachen darüber, wie sich

die einschüchternde, vergiftete Atmosphäre am Arbeitsplatz auf sie und ihre Beziehungen untereinander ausgewirkt hatte, und darüber, wie sie innerhalb des Unternehmens durch Zusammenarbeit vorankommen wollten. Die Teilnehmer erzählten von ihren Erfahrungen, was sie näher zusammenbrachte und zu weiteren offenen, mutigen Gesprächen darüber führte, welche Rolle sie alle innehatten und wie sie diese Rolle besser erfüllen könnten.

Manchen wurde durch den Prozess klar, dass sie den Weg nicht mitgehen wollten, den das Team eingeschlagen hatte, und sie beschlossen, das Unternehmen zu verlassen.

Die Leadership Journey diente als Katalysator für strategische Diskussionen und Teaminitiativen darüber, wie man die Kundenerwartungen übertreffen könnte; sie brachte Klarheit über die Rollenverteilung und Verantwortungsbereiche, und darüber, wie man die internationalen Ressourcen des Unternehmens besser nutzen konnte. Nicht zuletzt wurde auch eine Feedback- und Feedforward-Kultur entwickelt. Diese Initiativen wurden so aufgebaut, dass sie die Prinzipien des *Leading from Behind* widerspiegelten, die ihnen zugrunde lagen, und dazu gehörte auch, dass sich die Manager gegenseitig coachten, während sie sich gleichzeitig über ihre eigenen, ganz persönlichen Ambitionen klar wurden.

Das
Netzwerk de
Vertrauen
ausbauen

3. DAS NETZWERK DES VERTRAUENS AUSBAUEN

EIN SICHERES UND VERTRAUENSVOLLES UMFELD ERSCHAFFEN

Vertrauen ist eines der meistbesprochenen Themen innerhalb von Unternehmen. Der Wunsch nach einem vertrauenswürdigeren Arbeitsumfeld wird oft geäußert, und viele setzen ihre Hoffnung darauf, dass Teambuilding-Sessions und Leadership-Development-Programme dieses Vertrauen wachsen lassen werden. Auch wenn aber Klausurtagungen, Coachings und Fortbildungsmaßnahmen etwas bewirken können, sind sie doch kein Zaubermittel. Warum nicht? Weil man damit die tiefersitzenden Ängste der Menschen gar nicht erreicht, man bleibt auf der höflichen Ebene im (oberflächlichen) Sicherheitsbereich – und damit baut man kein Vertrauen auf.

Eine zentrale Rolle von Vorgesetzten besteht darin, Ängste abzubauen und eine Vertrauensatmosphäre zu schaffen, in der die Menschen ihr Bestes geben können. Vertrauen ist das Ergebnis eines kontinuierlichen Prozesses. Das Knüpfen und Verstärken eines Vertrauensnetzwerks erfordert einen systematischen Prozess. Dieser Prozess beginnt damit, dass man die Dynamik von Ängsten im Team versteht; dass man lernt, wie man diese erreichen und verändern kann – sowohl in der Gruppe als auch bei jedem Einzelnen. Alles, was diese tiefen Ängste nicht erreicht, wird auf Dauer auch nicht greifen.

In den Gesprächen am Arbeitsplatz zeigen die Teammitglieder ihre Ängste durch ihr Handeln, und diese haben

drei verschiedene Quellen: Ängste in Gedanken, Ängste in Gefühlen und Ängste vor dem Unbekannten.[2] Ängste entwickeln sich, wenn die Ansichten der Kollegen anfangen dramatisch auseinanderzugehen. Eine der größten Herausforderungen in Teams ist der Umgang mit unterschiedlichen Ansichten. Entscheidend ist die Offenheit gegenüber alternativen Ansichten, und das verlangt von den Teammitgliedern, sich zurückzunehmen und Unterschiede zu akzeptieren. Das gelingt nur, wenn das Team stark ist und eine Möglichkeit findet, solche Unterschiede zu integrieren. Ängste in Gedanken[2] werden in

Form von negativen Vorhersagen und negativen Vermutungen darüber, was andere denken (Projektionen), geäußert. Beides wirkt sich ebenso deutlich negativ auf das Sicherheitsgefühl innerhalb des Teams aus wie auf den allgemeinen Glauben an die Möglichkeiten des Teams.

Es ist die Aufgabe jedes Teammitglieds, besonders aber des Teamleiters, diese negativen Vorhersagen aufzulösen.[2] Um eine negative Vorhersage aufzulösen, muss eine Gruppe zuerst deren Kontext betrachten, und zwar durch die Bildung funktionaler Untergruppen. Konzentrieren Sie sich auf den wichtigsten, größten Meinungsunterschied in der Gruppe, und laden Sie zunächst nur jene zum Reden ein, die eine bestimmte Ansicht vertreten. Lassen Sie jeden offen und ehrlich sprechen, und lassen Sie zu, dass alle Ansichten bis zum Ende ausgesprochen werden. Als Nächstes laden Sie jene zum Reden ein, die anderer Meinung sind, und lassen wiederum diese ihre Ansichten darlegen. Dann fassen Sie alles zusammen und bilden eine Synthese daraus. Dann wenden Sie sich der nächsten großen Meinungsverschiedenheit in der Gruppe zu.

Um die negative Vorhersage aufzulösen, kann ein Teammitglied der Person, die diese Vorhersage geäußert hat, die Frage stellen: »Kannst du die Zukunft vorhersagen?« In den meisten Fällen wird die Person dann lächeln und sich entspannen, und das Team kann fortfahren. Ist dies nicht der Fall, sollte das Team gemeinsam die Differenzen und deren zugrunde liegende Annahmen herausfinden. Keinesfalls sollte es negativ reagieren oder die pessimistischen Denker zum Schweigen bringen.

Um Projektionen[2] aufzulösen, muss man Kollegen dazu auffordern, ihre Annahmen der Gruppe offen mitzuteilen. Das erreicht man, indem man offen fragt: »John, es scheint, du glaubst, dass... Ist das richtig?«

Die Ängste im Team aufzudecken, ist auch deshalb wichtig, weil sie bei den Teammitgliedern eine innere Anspannung, ein kontinuierliches Besorgtsein und unangenehme körperliche Symptome verursachen können, was sich in der Atmung, im Verdauungstrakt, am Herzen, in der Kehle oder den Gliedmaßen äußern kann. Es ist die Aufgabe jedes Teammitglieds, vor allem des Teamleiters, regelmäßig einen Blick auf das Team zu werfen, um zu sehen, wie es den einzelnen Mitgliedern geht, und sie einzuladen, über ihre Gefühle zu sprechen.

Menschen können auch Ängste empfinden, weil ihnen etwas Unbekanntes bevorsteht.[2] Hier liegt der Schlüssel darin, diese Ängste in Neugier zu verwandeln. Dafür muss die eigene Haltung verändert werden: von kritisch zu neugierig.

Jeder Mensch hat ein Überlebenssystem, das wir uns in der Kindheit aneignen und auf unsere Gegenwart projizieren. Die Forschung hat fünf universelle Ängste[7] festgestellt, die jeder Mensch in sich trägt: Angst vor Ungerechtigkeit, vor Vertrauensbruch, vor Demütigung, vor dem Verlassenwerden und vor Ablehnung. Jede Person in jedem Team kann eine, mehrere oder all diese tiefsitzenden Ängste in sich tragen. Sie sind wie verborgene Auslöser, die im Bruchteil einer Sekunde aktiviert werden können. Um zu verhindern, dass sie andauernd verletzt werden, entwickeln diese Menschen Abwehrmechanismen, die von Härte und Kontrolle bis zu Unterwürfigkeit, Abhängigkeit oder Rückzug reichen können.

Wenn ein Mensch gerade verletzlich ist, möchte er gesehen und gehört werden, er möchte Mitgefühl bekommen. Je nachdem, worauf sie ansprechen, wünschen sich Menschen Transparenz, Vertrauensvorschuss, Wertschätzung, Inklusion und Nähe. Das reduziert ihre Ängste und stellt ihre Kapazitäten für eine konstruktive Zusammenarbeit vollständig wieder her. Deshalb ist es unerlässlich, dass Führungskräfte in ihrem Unternehmen für eben genau diese Aspekte sorgen: Transparenz, Vertrauensvorschuss, Wertschätzung, Inklusion und Nähe.

Studien zur Analyse von Mitarbeiterengagement belegen, dass sich Menschen exakt danach sehnen. Wenn Führungskräfte der Gruppe die nötigen Voraussetzungen für ein Vertrauensnetzwerk liefern, können sie sicher sein, dass sie von jedem Einzelnen die Bestleistung bekommen werden. Der Vorgesetzte kann und sollte dies fördern, indem er selbst als Beispiel vorangeht.

Das »Gesetz des Weihnachtsmannes« ist eine der wirkungsvollsten Techniken, um sich von aufkommenden Ängsten zu befreien. Der Name entspringt dem Gedanken, dass man etwas mit hoher Wahrscheinlichkeit bekommt, wenn man es auf einen Wunschzettel schreibt. Was hier damit gemeint ist, ist das Folgende: Sie bitten ausdrücklich, freundlich und aufrichtig, mit klarer Stimme um die Transparenz, den Vertrauensvorschuss, die Wertschätzung, Inklusion oder Nähe, die Sie sich wünschen. Indem Sie einfach nur Ihren Wunsch aussprechen, schaffen Sie gute Voraussetzungen dafür, dass Sie tatsächlich bekommen, was Sie brauchen, wenn Sie es gerade nicht leicht haben.

Als Vorgesetzter werden Sie erleben, dass es eine gute Übung ist, Ihre Mitarbeiter zu fragen, was diese brauchen, wenn sie unter Druck sind. Ebenso sollte der Vorgesetzte Teammitglieder aber auch bitten, das beizutragen, was gebraucht wird, wenn der Druck hoch ist.

Je mehr wir über uns selbst preisgeben, desto mehr werden uns andere auf andere Weise kennenlernen, desto vertrauenswürdiger werden wir und desto mehr Vertrauen wird im Allgemeinen herrschen.

FALLBEISPIEL: DAS NETZWERK DES VERTRAUENS AUSBAUEN

Der erst kürzlich ernannte Chief Human Resources Officer (CHRO) eines multinationalen industriellen Produktionsunternehmens hatte die Aufgabe, eine lokale Human-Resources-Einheit in ein solides Team zu verwandeln, das die tiefgreifenden Umstrukturierungen im Unternehmen mittragen würde.

Er wählte sorgfältig einige Schlüsselpersonen der globalen Human-Resources-Einheit aus und lud sie dazu ein mit ihm neue Pfade im HR-Transformationsprozess zu beschreiten. Er war davon überzeugt, dass diese Gruppe dazu fähig sein würde, die künftige Human-Resources-Strategie mitzugestalten, denn für ihn stand außer Frage, dass dieser Prozess auch für die Hauptakteure selbst transformational verlaufen würde.

Gemeinsam mit dem CHRO entwarfen wir eine experimentelle Lernreise, eine Maßnahme, die aus mehreren Workshops bestand.

Wir begannen mit einem Workshop zur persönlichen und beruflichen Annäherung, bei dem die Teilnehmer einander auch jenseits ihrer Rolle im Unternehmen kennenlernten und der jeweilige Kontext und die Arbeitsweisen der lokalen HR-Einheiten erklärt wurden. Die Schlüsselpersonen legten ihre persönlichen Beweggründe, Werte sowie Visionen dar und ließen so eine gemeinsame Vision von der Zukunft des HR entstehen.

Um negativen Gedanken und Gefühlen zu begegnen, ergründete das Team zunächst die verletzlichen Bereiche und Abwehrmechanismen jedes Teammitglieds. Dadurch wurden Nähe und ein Gefühl von gegenseitigem Verständnis erzeugt. So wurde es möglich, negative Gedanken und Gefühle sowohl anzusprechen als auch aufzulösen. Die Menschen öffneten sich. Dieser Prozess bewirkte, dass die Teammitglieder nun eine weitaus höhere Bereitschaft zeigten, neue Pfade im HR-Transformationsprozess zu beschreiten. Schließlich brachte dieser Ansatz die Teilnehmer dazu, die Schlüsselthemen und -bereiche selbst in die Hand zu nehmen, die für die Umsetzung der Vision entscheidend waren. Der CHRO versicherte, dass bei dem Prozess niemand ausgeschlossen werde, und ermutigte jedes Teammitglied, teilzunehmen und sich einzubringen. Wir führten offene, mutige Gespräche, in denen fundamentale Themenbereiche mit bedeutenden Auswirkungen auf den Einzelnen diskutiert und gelöst wurden. Der urteilsfreie Rahmen, innerhalb dessen die Gespräche geführt wurden, machte es den Teilnehmern möglich, ihre persönlichen Ängste und Vorbehalte zu äußern. Dies verstärkte das Gefühl von Verbundenheit und Vertrauen, das schon zu Beginn des Transformationsprozesses geschaffen worden war. Im Laufe dieses Prozesses wurde nicht nur klar, in welche neue Richtung es gehen würde, sondern mehrere Kollegen erkannten auch, dass diese Richtung nicht zu ihren persönlichen Zielen und Fähigkeiten passte. Und obwohl sie das Unternehmen verließen, trug doch die Art und Weise, wie man damit umgegangen war, dazu bei, dass die neue Vision und die neuen Werte des HR noch an Glaubwürdigkeit gewannen.

Durch die Schattenseiten navigieren

4. DURCH DIE SCHATTEN-SEITEN NAVIGIEREN

DIE EIGENE DUNKLE SEITE ERKENNEN UND NUTZEN

Die Schattenseite enthält unsere negativen, destruktiven und dysfunktionalen Überzeugungen, Werte und Verhaltensweisen.

Unser Leben wird im Privaten wie im Beruf kontinuierlich komplexer und schwieriger. Hier zeigen uns unsere Schattenseiten, dass unsere Rationalität nicht immer Schritt halten kann. Gespräche werden vermehrt irrational geführt, und wir greifen auf unsere Intuition wie auf eine innere Datenbank zurück, was dazu führt, dass unsere Dialoge unklar, wirr und redundant werden. Das verursacht eine Atmosphäre von nagender Unsicherheit und Zweifel, was bei der Arbeit in Teams wiederum zum sogenannten Schattenseitenverhalten führt.

Immer wenn wir uns nicht sicher fühlen – wenn die drei systemischen Gesetze Bindung, Ordnung und Gleichgewicht zwischen Geben und Nehmen nicht beachtet werden oder das Prinzip *Leading from Behind* nicht angewandt wird – sind unsere Schattenseiten aktiv. Und dennoch, trotz der destruktiven Kräfte, die in unseren Schattenseiten wohnen, walten in ihnen auch positive Kräfte. Es ist die Aufgabe des Vorgesetzten, die Wertschöpfung, die das Team aus der Kraft der Schattenseite ziehen kann, zu maximieren, und dabei die negativen Auswirkungen zu reduzieren. Daher muss der Vorgesetzte die Ängste redu-

zieren, was im Gegenzug ein höheres Sicherheitsempfinden bewirkt. Dies unterstützt das Team darin, bei der Arbeit das Beste zu geben.

Schattenseiten werden auf diverse Arten aktiviert und können verschiedene Formen annehmen. Sie können durch eine intensive Beweger-Herausforderer-Dynamik hervorgerufen werden. Dies steigert Ängste, die wiederum Rückzug und das passive Überblicker- oder Unterstützer-Verhalten auslösen.

Wenn solche Spannungen aufkommen, werden die Beteiligten sehr empfindsam, was die Kommunikationsweise[5], also die Wahl der Sprache, betrifft: die Sprache des Verstandes (Bedeutung), die Sprache des Herzens (Emotion) oder die Sprache des Bauches (Stärke). Konflikte können zum Beispiel entstehen, wenn Menschen, die die Sprache des Verstandes bevorzugen, mehr Zeit brauchen, um alles zu verstehen, während jene, die die Sprache des Bauches vorziehen, ungeduldig werden und sofort handeln wollen. Innerhalb dieser Spannungen können sich Menschen, die die Sprache des Herzens bevorzugen, ausgeschlossen fühlen (»keine Zeit für Gefühle«).

Auf einer tieferen Ebene haben unsere systemischen Präferenzen[4] für *Geschlossen, Offen* oder *Spontan* große Auswirkungen auf uns, wenn wir unter Druck arbeiten. Grundsätzliche Spannungen zwischen Menschen mit Präferenzen in ähnlichen Bereichen (Geschlossen–Geschlossen bzw. Geschlossen–Spontan) können Konflikte verursachen oder sogar die Teamleistung komplett lahmlegen. Eine vorherrschende Präferenz von Spontan (Freiheit zu tun, wovon man glaubt, dass es richtig ist) wird als chaotisch empfunden, während eine Präferenz von Geschlossen (strukturelle Kontrolle darüber haben, was man für richtig hält) als übermäßig hierarchisch erlebt wird. Eine dominante Präferenz von Offen kann hingegen tyrannisch wirken und den Prozess ganz zum Erliegen bringen.

Wenn der Druck hoch ist, bekommen wir sowohl das Beste als auch das Schlechteste von den Menschen. Die folgenden drei Archetypen[4] können dabei helfen, die Verhaltensweisen im Team besser zu verstehen:

- **Problemlöser** lösen Probleme, verursachen jedoch Kollateralschaden, indem sie dabei andere wegstoßen.
- **Überlebenskünstler** suchen sich ihr Schlachtfeld aus und beweisen großes Durchhaltevermögen, ziehen sich aber zurück, sobald die Spannungen zu groß werden.
- **Beschützer** kämpfen gegen Widerstände, wenn Werte, Beweggründe oder Beziehungen als gefährdet empfunden werden. Dabei geben sie sich selbst und anderen die Schuld.

Wir sollten nicht vergessen, dass unsere Schattenseiten jene angeborenen Kräfte sind, die uns den Ehrgeiz, die Energie und den Antrieb verleihen, Berge zu versetzen. Je intensiver die Schattenseiten sind, desto stärker ist der Erfolgsantrieb, auch wenn dies ein höheres Risiko für Gruppendysfunktionen birgt.

Teams brauchen ein Gefühl von Sicherheit, um funktionieren zu können. Die Kernaufgabe des Teams[2] ist es, Gemeinsamkeiten sowie unterschiedliche Ansichten herauszufinden und diese dann zu integrieren. Deshalb müssen die persönlichen und zwischenmenschlichen wie auch die systemischen Grenzen durchlässig sein, damit diese Unterschiedlichkeiten hindurchsickern können und so eine Diversität entstehen kann. Denn ohne Diversität gibt es keine Anpassungsfähigkeit. Sind die Gemeinsamkeiten einmal gefunden, kann sich das Team auf das nächste Gesprächslevel begeben. Dort wird derselbe Prozess durchgeführt, Gemeinsamkeiten sowie unterschiedliche Ansichten werden herausgearbeitet und die Unterschiedlichkeiten integriert.

Wenn wir die Unterschiede herausarbeiten und integrieren, müssen wir unsere Schattenseiten deutlich und sicher eingrenzen. Zu Beginn muss unbedingt eine Atmosphäre der Wertschätzung vorherrschen. Wenn die Menschen nicht gehört und gesehen werden, so wie sie wirklich sind und mit dem Beitrag, den sie leisten können, dann werden automatisch die Schattenseiten aktiviert. Folgendes Motto ist also für die Haltung wichtig: »Feiere das, was richtig ist, und bringe die Kraft auf, das zu reparieren, was falsch läuft.«[8]

Es ist die Aufgabe des Vorgesetzten, für genügend Sicherheit zu sorgen, sodass das Team seine Arbeit leisten kann. Das setzt einiges bei der Führungsperson voraus: eine positive Intention, emotionale Reife, Präsenz, Selbstreflexion und Lebenserfahrung ebenso wie Erfahrungen mit persönlichen Transformationsprozessen. Letzteres ist besonders wichtig, denn es hält die eigenen verborgenen Auslöser und Abwehrmechanismen im Zaum. Mit diesen Voraussetzungen kann der Vorgesetzte auch in schwierigen Zeiten geerdet und ruhig, aber dennoch mit Engagement dabei bleiben, und er kann verhindern, dass das Team auseinanderbricht oder in einen Zustand distanzierter Höflichkeit zurückfällt.[5,9]

Eine Schlüsselaufgabe für die Führungskraft ist es, die Kraft der Schattenseiten im Team zu nutzen, so dass die Teammitglieder sich besser durch das Chaos kämpfen können. Eine effektive Methode, das Team als Ganzes nach vorne zu bringen, ist das Stellen von wirkungsvollen, offenen Feedforward-Fragen.[5,6,9] Feedforward-Fragen sind Fragen, die dem Team bei der Orientierung helfen. Voraussetzung dafür ist eine erfolgreiche Anwendung der ersten drei Schritte: »Ein Team mit Zusammenhalt bilden«, »In jedem das Beste zum Vorschein bringen« und »Das Netzwerk des Vertrauens ausbauen«.

FALLBEISPIEL: DURCH DIE SCHATTENSEITEN NAVIGIEREN

Das Executive Board eines internationalen Energieunternehmens hatte neun Mitglieder. Sie wollten ihre Teameffizienz verbessern und besonders ihre Board-Meetings, die bis dato alles andere als produktiv waren. Sie waren sich darüber einig, dass sie, wenn sie alle zusammensaßen, ziemlich dysfunktional waren.

Als dieses Führungsteam eine Selbstdiagnose und einen Feedback-Scan durchführte (siehe Praktik: »In jedem das Beste zum Vorschein bringen«), identifizierte man acht von neun als Typ *Beweger/Mover* und einen als Typ *Überblicker/Bystander*. Kein Wunder also, dass die Board-Meetings schwierig waren: jeder wollte selbst sprechen und der Gruppe andauernd Vorschläge machen, wohin es gehen solle und wie man dorthin käme. Oft zerrten alle in unterschiedliche Richtungen. Und einer von ihnen (der Überblicker) wurde regelmäßig übergangen und hatte nicht das Durchsetzungsvermögen, diese überwältigende Dynamik zu verändern.

Dieses überaus hohe Spannungsfeld wirkte sich auf die nächste Kommunikationsebene aus. Wenn der Druck steigt, bevorzugt jeder von uns eine andere Sprache, wie oben schon erläutert wurde, und diese Unterschiede können zu großen Irritationen führen: die Sprache des Verstandes (Bedeutung), die des Herzens (Emotion) und die des Bauches (Stärke). Bei sechs der neun Teammitglieder stellte man eine Präferenz der Sprache des Handelns fest, und bei dreien der Sprache des Verstehens. In einem Neuner-Team machten also acht Personen Vorschläge in unterschiedliche Richtungen, und wenn sie sich nicht einigen konnten, wurden sechs von ihnen so ungeduldig, dass sie dringend in irgendeiner Form handeln und etwas unternehmen wollten, damit sich endlich etwas tat. Währenddessen brauchten die restlichen drei mehr Zeit, um alles im Kopf zu sortieren und zu überdenken, bevor sie überhaupt den nächsten Schritt hätten tun können.

Dieses Spannungsfeld zwischen Ungeduld und Handlungsdrang versus Bedarf von mehr Bedenkzeit wirkte sich wiederum auf die nächste Kommunikationsebene aus, auf der fünf von ihnen verzweifelt nach mehr Struktur verlangten, aber unterschiedlicher Auffassung darüber waren, wie genau diese Struktur aussehen sollte – jedoch war keiner offen für die Perspektiven der anderen.

Dazu kam, dass vier von ihnen einen starken Freiheitsdrang hatten, verbunden mit einem dringenden Bedürfnis nach Spielraum, Entscheidungsfreiheit und einem Ad-hoc-Arbeitsstil. Sie lehnten es ab, sich von den anderen mit dem Geschlossen-Profil einengen zu lassen, die sich wiederum über den in ihren Augen chaotischen und willkürlichen Stil derer mit Freiheitsdrang aufregten.

Dies wirkte sich wiederum erneut auf die nächste Kommunikationsebene aus: Sechs Board-Mitglieder waren Problemlöser und drei Beschützer. Das rief heftige Konflikte hervor, bis der Vorsitzende zur Ordnung rief und versuchte, die Diskussion wieder zurück auf eine vernünftige, höfliche Gesprächsebene zu bringen. Leider verpassten sie jedes Mal die Gelegenheit, sich durch das Chaos zu kämpfen, um auf die nächste Kommunikationsebene zu gelangen – zu einem Gespräch, das von gemeinsamer Suche und Zusammenarbeit geprägt ist.

Bedauerlicherweise hatte sich dieses Muster in der Gruppe dieser obersten Führungskräfte seit Jahren etabliert. Im Konferenzraum des Boards waren die dysfunktionalen Verhaltensweisen in Gänze vorhanden: Fragmentierung, Schuldzuweisungen, Machtmissbrauch, negative Vorhersagen und Projektionen. Dadurch entwickelten die Teammitglieder negative Gefühle, was wiederum ihre Abwehrmechanismen aktivierte: Härte, Kontrolle, Unterwürfigkeit, Abhängigkeit und Rückzug.

Die Maßnahme, die diese Situation letztlich veränderte, baute auf drei Blöcken auf:

1. Daran arbeiten, die Kommunikation auf den ersten beiden Ebenen deutlich zu verbessern:
   - **Ebene 1:** Beweger/Unterstützer/Herausforderer/Überblicker;
   - **Ebene 2:** Bedeutung/Emotion/Stärke. Das war nötig, um nicht auf den Ebenen drei und vier in die Falle zu gehen;
   - **Ebene 3:** Offen/Geschlossen/Spontan;
   - **Ebene 4:** Problemlöser/Überlebenskünstler/Beschützer.

Die Teammitglieder sollten ein Gleichgewicht finden zwischen den Äußerungen ihrer eigenen Anliegen und dem Stellen wirkungsvoller Fragen, die das Team weiterbringen würden. Wenn sie sprachen, sollten sie auf dem aufbauen, was zuvor von anderen gesagt worden war. Das forderte jedem Teilnehmer eine extreme Disziplin ab, doch jeder von ihnen wusste genau: Wenn sie sich nicht ändern würden, würden sie als Team so nicht weitermachen können.

2. In den Teammeetings im Eifer des Gefechts Negativvorhersagen (»Können Sie die Zukunft vorhersagen?«) und Projektionen auflösen (Annahmen prüfen).

3. Meetings anhand von wirkungsvollen Kernfragen leiten. Nur wenn man dem Führungsteam im Vorfeld die relevanten Informationen liefert, kann es ein Meeting geben, bei dem jeder gut informiert ist, und das ein Resultat vorweisen kann. Das fördert gute Gespräche, und man bekommt von jedem den bestmöglichen Beitrag, anstatt auf die gewohnt zähe Art immer erst alle auf den neuesten Informationsstand zu bringen und im Anschluss eine dysfunktionale Debatte zu führen. Und wie funktionierte das in diesem Beispiel? Nachdem es richtig gecoacht worden war, handelte das Team äußerst diszipliniert – auf einer Skala von 1 bis 10 verbesserte es sich von einer schwachen 2 auf eine um ein Vielfaches bessere 7. Nach sechs Monaten Coaching erreichten sie eine strukturelle Verbesserung von 5. Nicht perfekt, aber doch ein immenser Fortschritt.

Das Sündenbock-verhalten eindämmen

5. DAS SÜNDENBOCK-VERHALTEN EINDÄMMEN

SPANNUNGEN IN DEN GRIFF BEKOMMEN

Man braucht eine Menge Energie und Entschlossenheit, um in die Rolle einer Senior-Führungskraft hineinzuwachsen. Dennoch könnte man sogar behaupten, dass es noch mehr Energie kostet, in dieser Position auch zu bleiben. Dies liegt vor allem daran, dass der Druck von allen Seiten kommt: von Finanzmärkten, Kunden, Wettbewerbern, vom Ökosystem und den Wertschöpfungspartnern, vom Aufsichtsrat, Vorstandskollegen, aus den unteren Ebenen im Unternehmen etc.

Ein weiterer Maßstab für die Führungsposition ist die Fähigkeit, Spannungen in den Griff zu bekommen und mit den immerwährenden Attacken von verschiedenen Seiten fertigzuwerden, sei es vonseiten der Stakeholder oder einzelner Teammitglieder, die jeweils ihre Hoffnungen und Ängste auf die Führungskraft projizieren.[2] Führungskräfte brauchen ein enormes Stehvermögen, um durch diesen Sturm zu navigieren. Wer die Führungsrolle wirklich meistern will, muss sich den Gefühlen stellen, die durch diese Angriffe ausgelöst werden. Das ist ein immer wiederkehrendes Phänomen in Gruppendynamiken, und ist unumgänglich. Die Menschen bringen ihre Lebenserfahrung, ihre Verletzlichkeiten und Abwehrmechanismen in jedes Gespräch mit. Unterbewusst sehnen sie sich danach, gesehen, gehört und geschätzt zu werden. Sie hoffen, ihr Vorgesetzter wird ihnen die fünf Lösungen liefern: Transparenz, Vertrauen, Wertschätzung, Inklusion und Nähe.

Ihr größter Wunsch ist, dass der Vorgesetzte ihre Verletzungen aus der Vergangenheit heilt. Sie hegen die sehr hohe implizite Erwartung, dass der Vorgesetzte sich um sie kümmern wird, ja, fast die Elternrolle für sie übernimmt.

Die Führungskraft muss großen emotionalen Druck aushalten, sie muss ihre Schattenseiten kontrollieren und darf diesen nicht erlauben, aktiv zu werden, wenn sie als Person attackiert wird. Um als sicherer Fels in der Brandung dastehen zu können, muss eine Führungsperson sich selbst gut kennen, eine klare innere Ausrichtung haben, also eine gute innere Kompassnadel, sowie eine innere Haltung, die von Wertschätzung geprägt ist. Der Vorgesetzte muss einerseits die eigenen Emotionen im Griff und andererseits Empathie für andere haben. Viele heutige Führungskräfte wurden durch die Rollenvorbilder der Eltern, Lehrer, früherer Vorgesetzter oder anderer Führungskräfte geprägt. Dadurch werden die Menschen in Unternehmen ganz unterschiedlichen Führungsstilen ausgesetzt, was das Niveau an Selbstreflexion und die praktischen Fähigkeiten im Alltag betrifft.

Man nimmt an, dass Führungskräfte starke Schattenseiten haben müssen, wenn sie die Energie und den Ehrgeiz aufgebracht haben, um dorthin zu gelangen, wo sie sind, und dort auch zu bleiben, während sie parallel dazu das Unternehmen weiter voranbringen. Gleichzeitig müssen sie den Druck aushalten, der Sündenbock zu sein, ohne den Boden unter den eigenen Füßen oder das Selbstbewusstsein zu verlieren. Ein derartiger Druck aktiviert die Schattenseiten der Führungskraft und die damit verknüpften Abwehrmechanismen.[2] Das ist kontraproduktiv für die einzelnen Teammitglieder: die Spannungen steigen, und im selben Maße wächst ihre Sehnsucht nach Transparenz, Vertrauen, Wertschätzung, Inklusion und Nähe. Durch diesen Prozess, der sich im Spannungsdruck der Unternehmen abspielt, wächst die Distanz zwischen dem Vorgesetzten und den Mitarbeitern – hier liegt nun einer der Hauptgründe für die allgegenwärtige Fragmentierung in Unternehmen. Hier ist es ganz entscheidend – sowohl für den Vorgesetzten als auch für die Teammitglieder –, dies in keinem Fall persönlich zu nehmen. Sie müssen verstehen, dass das Sündenbockverhalten Teil des Prozesses der Teamdynamik ist und dies sogar notwendig ist, wenn Führungskraft und Team die nächste Ebene erreichen wollen. Ein erfolgreicher Transformationsprozess verlangt, dass ein Vorgesetzter damit umgehen kann und auf warmherzige Weise dieses Sündenbockverhalten in einen konstruktiven Kontext der Teamentwicklung verwandelt.

Das ist auch der Grund, warum es für jede unserer Führungskräfte so wichtig ist, kontinuierlich an ihrem Bewusstsein zu arbeiten, an ihrem Denken, ihren Überzeugungen

und Schattenseiten: um als Mensch zu wachsen, als Führungskraft zu wachsen, damit auch das Unternehmen wächst. Dies kann ein wichtiger Ausgangspunkt sein für eine Führung von innen nach außen, bei der das Rollenvorbild als ultimativer Multiplikator für eine kollektive Unternehmensführung wirkt.

Die wahre Arbeit, die wir zu leisten haben, ist die Arbeit an uns selbst. Das heißt, dass wir nicht einfach blind unseren ersten Impulsen folgen dürfen, wenn wir unter Druck geraten, sondern immer achtsam bleiben müssen, unsere Emotionen im Griff haben und die Entwicklung sowie den Fortschritt des Teams mit Warmherzigkeit und Verständnis unterstützen. Diese Arbeit an uns selbst besteht darin, das eigene Denken zu hinterfragen, emotionale Transformationsprozesse und ungelöste Bereiche aufzuarbeiten, in der Anwendung von Atemtechniken, um selbst unter Druck die eigenen Emotionen unter Kontrolle zu halten, und in der Meditation, um die eigene Präsenz zu verbessern.[9,10]

Es tut weh, wenn man mitansehen muss, wie viele Führungskräfte und Personen im gesamten Unternehmen nach oben starren und ihre Frustrationen und Sehnsüchte auf den CEO oder die Vorstandsmitglieder projizieren. Stattdessen könnten sie in ihrem eigenen Unternehmensumfeld eine Gemeinschaftsinitiative starten und selbst etwas dafür tun. Wir erwarten von unseren Unternehmensführern, dass sie »Übermenschen« sind, doch das sind sie nicht. Sie haben starke Schattenseiten und befinden sich ebenfalls auf einem Weg der Entwicklung. Anstatt nur immer nach oben zu starren, sollten Führungskräfte darauf vertrauen, dass die oben das Beste wollen, und sich auf jene konzentrieren, deren Vorgesetzter sie sind, und ihre Zeit und Energie darauf verwenden, für ihre eigenen Leute als Mentor und Coach zu agieren.

Natürlich werden Führungskräfte oft mit dem Finger auf das dysfunktionale Verhalten des CEO und der Vorstandsmitglieder zeigen. Und es ist auch unvermeidlich, dass diese dafür leiden müssen, ganz persönlich, im Team und im Unternehmen als Ganzes.

Wir müssen lernen, eines zu akzeptieren, wenn wir die Welt verändern wollen: Wir müssen immer bei uns selbst anfangen, dann können wir eine kleine Gruppe bilden, die als Rollenvorbild dient, und dann erst können wir die Veränderungen angehen, die wir haben wollen. »Zweifeln Sie niemals daran, dass eine kleine Gruppe [...] Menschen die Welt verändern kann. Tatsächlich ist dies die einzige Art und Weise, wie dies je geschah.«[11]

Es erfordert eine grundlegende Veränderung im eigenen Denken, wenn man als Führungskraft geeignet für den Transformationsprozess sein will. Man muss lernen, wie man die Eckpunkte der eigenen Lebensgeschichte mit denen der eigenen Führungserfahrung verbinden kann. Dadurch kann man alte Überzeugungen auflösen, die die Führungstätigkeit blockieren. Am Ende des Tages ist die wahre Arbeit, die wir leisten müssen, die Arbeit an uns selbst.

FALLBEISPIEL: DAS SÜNDENBOCK-VERHALTEN EINDÄMMEN

Nach zehn Jahren an zweiter Stelle eines sich schnell entwickelnden Konsumgüterunternehmens trat ein Manager die Stelle des CEO an. Es war nicht einfach, in die Fußstapfen seines Vorgängers zu treten, der das riesige, weltweit agierende Unternehmen über 20 Jahre lang mit starker Hand geführt hatte. Auf die charismatische Persönlichkeit des Vorgängers war man im Unternehmen zwar stolz, doch es war trotz allem schwierig, die Position unter den obersten drei Playern in der Branche zu halten. Es war klar, dass man eine neue Strategie und – vielleicht noch wichtiger – neue Arbeitsweisen im Unternehmen brauchte.

Ganz in der Tradition des vorherigen CEO hielt der neue Unternehmensleiter einen Workshop ab, um die nötigen Strategiegespräche zu führen. Die Sitzung wurde von einem externen Berater vorbereitet und organisiert, der das letzte Jahrzehnt mit dem Konzern zusammengearbeitet hatte. Doch bei dieser Sitzung verhielt sich die Gruppe vollends anders als in vergangenen Sitzungen: Das Engagement war mittelmäßig, die Beteiligung ebenso, dafür wurde harsche Kritik geäußert, und es war eine negative Energie zu spüren. Die Situation spitzte sich derart zu, dass man das Meeting abbrach und der Gruppe einen anderen Termin zwei Monate später ankündigte.

Dieser nächste Workshop wurde völlig anders gestaltet und geplant. Die Teilnehmer wurden aufmerksam befragt, um ihre Ansichten und Überzeugungen zu Strategie, Business und Unternehmensfragen zu sammeln, ebenso wurde ihre Auffassung von Unternehmensführung als Gruppe wie als Einzelner abgefragt. Im Anschluss an diese Befragungen wurden kleine Gruppen gebildet, die an spezifischen strategischen Aufgabenstellungen arbeiten sollten. Dann sollten sie ihre Ergebnisse und Empfehlungen im Meeting vorstellen. Parallel dazu bereiteten der CEO und die Vorstandsmitglieder ihre Perspektiven vor, sie schufen eine gemeinsame Ausrichtung und Identifikation, wobei sie noch Raum ließen für die Fragen und Kritikpunkte der einzelnen Arbeitsgruppen.

Das Meeting lief zunächst gut an. Doch bereits kurz nachdem man etwa ein Drittel des Workshops geschafft hatte, kippte die Stimmung ins Düstere, wie schon beim ersten Mal. Die Gruppe begann, den CEO zu beschuldigen. So sehr sie ihn auch gemocht hatten, als er noch an zweiter Stelle gewesen war, so sehr projizierten sie nun ihre Ängste und Frustrationen auf ihn persönlich. Natürlich wollte die Gruppe ihren neuen CEO zunächst einmal austesten. Doch auf einer tieferen Ebene schürte der Strategiefindungsprozess ihre Ängste. Zusätzlich sahen manche im Führungswechsel die Chance, ihre eigene Vision und Agenda voranzubringen. Deshalb projizierten sie nicht nur ihre Ängste und Frustrationen auf den neuen CEO, sondern auch ihre Ansprüche, Hoffnungen und Sehnsüchte. Der CEO erlebte somit enormen Druck vonseiten der Gruppe. Er reagierte darauf, indem er immer dominanter wurde und vermehrt die Kontrolle übernahm, was aber im Gegenzug nur die Anschuldigungen der Gruppe gegen ihn intensivierte. All dies passierte innerhalb nur weniger Minuten.

Schließlich zahlte sich die sorgfältige persönliche Vorbereitung des CEO dennoch aus. Als die gegenseitigen Beschuldigungen sich hochzuschaukeln drohten, nahm er drei tiefe Atemzüge, um seine starken Emotionen wieder in den Griff zu bekommen. Seine Stimme nahm einen anderen Tonfall an. In freundlichem Ton stellte er eine wirkungsvolle Frage: »Unser Gespräch hat einen sehr feindseligen Ton bekommen. Was brauchen wir als Gruppe, um dies hier zu einem positiveren Erlebnis zu machen?« Dann bat er jeden im Raum, sich ein paar Minuten Zeit zu nehmen, um über sich selbst (was denke ich, was fühle ich, was sage ich?) und über den Gruppenprozess nachzudenken. Erst dann beruhigten sich die Teilnehmer wieder, öffneten sich und sprachen aus, was sie wirklich dachten. Die Atmosphäre wurde besser und die Gruppe begann, produktiv an ihrer eigentlichen Aufgabe zu arbeiten.

Ein Reset der eigenen Denkweise durchführen

6. EIN RESET DER EIGENEN DENKWEISE DURCHFÜHREN

EINGESCHLIFFENE DENKMUSTER DURCHBRECHEN

Als Führungskraft möchten wir unser bestes Wissen und Können ins Unternehmen einbringen. Die Verhaltensforschung sagt, dass 60 Prozent unserer Persönlichkeit durch die DNA bestimmt werden. Die restlichen 40 Prozent bestehen aus dem, was wir von Eltern, Familie, Freunden, Lehrern, Vorgesetzten und aus wichtigen Erfahrungen angenommen beziehungsweise gelernt haben. Daraus bildeten sich unsere Überzeugungen, die wiederum unser Verhalten bestimmen. Wenn wir uns besser an die adaptive Kultur in einer komplexen Welt anpassen wollen, müssen wir manche Überzeugungen ändern, auch wenn sie uns zuvor Erfolg gebracht haben. »Was Sie hierher gebracht hat, wird Sie nirgendwo anders hinbringen.«[12] Wir brauchen zwar die Denkweise, die die guten und hilfreichen Werkzeuge benutzt, die wir schon besitzen, doch wir müssen auch einige tiefsitzende und liebgewonnene Überzeugungen revidieren, um zur nächsten Erfolgsstufe zu gelangen.

Wir kennen alle diese Situation: neuer Chef, neue Führungsstruktur, neue Vereinbarungen. All dies in der Absicht, die richtigen Teams an die richtigen Positionen zu bringen, um den durchschlagenden Erfolg zu erzielen. Der Plan ist – um das umfangreiche Vokabular der Unternehmensklischees zu strapazieren –, unternehmerisches Denken zu fördern, agil, anpassungsfähig, kundenzentriert, leistungsorientiert, innovativ und so weiter zu werden.

Dabei ist es oft recht interessant, was in den neu ernannten Führungskräften so vor sich geht. Manche sehen die neue Hierarchieordnung als Anerkennung und Wertschätzung der Talente und des Führungsstils, die sie in der Vergangenheit an den Tag gelegt haben – auch wenn es ihre eigentliche Aufgabe ist, eben gerade eine andere Zukunft mit neuen Arbeitsweisen zu schaffen.

Wenn Führungskräfte anfangen, die neue Strategie zu implementieren, vergessen viele, auch ihre eigene Denkweise einem Reset zu unterziehen. In turbulenten Zeiten wird dieser entscheidende Reset der Denkweise vernachlässigt, auch wenn die Führungskraft Zeit und Energie aufwendet, um daran zu arbeiten. Unter dem hohen Druck, den all die Veränderungen mit sich bringen, hält sich der Mensch automatisch an bekannte und ver-

traute Denkmuster, Emotionen und die dazugehörigen Verhaltensmuster. Die alten Formeln, die uns schon früher Erfolg bescherten, werden wieder aktiviert, auch wenn wir nicht wissen, ob sie für die neue Situation überhaupt geeignet sind. Dabei wiederholen wir unterbewusst auch Fehler, ohne uns selbst zu hinterfragen.

Was wir brauchen, um auf die nächste Ebene zu kommen, ist ein Reset in Teilen unserer Denkweise. Es ist äußerst anstrengend, sich selbst einer derartigen Transformation zu unterziehen – doch die Veränderung im emotionalen Bereich ist der entscheidende Faktor. Denn unsere Emotionen formen unsere Überzeugungen, und die Überzeugungen formen unser Verhalten. Deshalb ist Transformation ein überaus persönlicher, emotionaler Prozess. Menschenführung beginnt mit einer inneren Haltung: Wenn man das

Team oder sogar das ganze Unternehmen verändern will, erfordert dies zunächst eine tiefe persönliche Veränderung der führenden Köpfe selbst. Denn Beispiel und Vorbild sind die stärksten Multiplikatoren. Von hier ausgehend können wir die Beziehungen zu den Menschen verändern, und dies ist die Grundlage, auf der eine Kultur der Anpassungsfähigkeit aufgebaut werden kann.

Ein wirkungsvolles Reset der eigenen Denkweise beginnt mit einer Selbstreflexion und erfordert einen intensiven Dialog, bei dem die ganze Bandbreite von Praktiken, Verhaltensweisen, Überzeugungen, Denkweisen, Werten und Emotionen der Führungskraft aufgedeckt und auf den Prüfstand gestellt wird, und zwar auf wohlwollende, aber unnachgiebige Weise. Ziel dieser Vorgehensweise ist es, den blinden Fleck oder die vorherrschenden Muster zu finden, die die Führungskraft bei ihrem Transformationsvorgang behindern.

Die meisten Führungskräfte haben ein oder zwei Muster aus der Vergangenheit, die ihre Überzeugungen festgelegt haben und die bei ihnen ein Verhalten auslösen, das eine persönliche Weiterentwicklung blockiert. Diese Top-down-Muster halten das Team zurück und haben eine negative Auswirkung auf das Unternehmen als Ganzes.

In tiefgreifenden Gesprächen werden die entscheidenden Punkte gefunden, eingeschliffene Muster aufgedeckt und die Führungskraft versteht, warum sie immer dieselben Fehler begeht. Durch eine tiefergehende emotionale Analyse erkennt die Führungskraft schließlich die abgekapselten Bereiche aus Wut, Trauer, Schuldgefühlen oder Ängsten, die sich daraus ergeben haben und die unterbewusst die dysfunktionalen Verhaltensmuster hervorrufen.

Während dieser persönlichen, tiefgreifenden Gespräche kämpft sich die Führungskraft durch einen Strudel von Einsichten und Emotionen. Im Idealfall führt dies dazu, dass sie erkennt, wie stark die unterdrückte Emotion ist und wie sehr davon ihr Verhalten unter Druck bestimmt wird. Druck verstärkt sowohl die naheliegenden als auch die fest verankerten Emotionen und Stärken. Im letzten Schritt wird die persönliche Transformation durch einen Prozess echter Vergebung vollendet. Der Schatten wird lichter, und die Führungskraft fühlt sich sofort besser in der Lage, die neue Rolle mit mehr Tiefe und Finesse zu übernehmen.

Es ist hierbei besonders hilfreich, die Dynamik der »Beziehungstypen«[13] zu verstehen, wenn man nach Wegen sucht, es besser zu machen. Die Qualität unserer Beziehungen zum Partner, zu den Kindern und Familienmitgliedern bestimmt in hohem Maße auch unsere Beziehungsmuster im Geschäftsleben. Forschungen[13] haben gezeigt, dass 50 Prozent aller Menschen zum sicheren Beziehungstyp gehören, während 25 Prozent dem ängstlichen Beziehungstyp angehören. Die restlichen 25 Prozent sind der vermeidende Beziehungstyp oder ein Mischtyp aus sicher und ängstlich.

Das bedeutet, dass im Alltag einer von zwei Erwachsenen einem unsicheren Beziehungstyp angehört. Solche Menschen reagieren im Allgemeinen empfindlicher auf Schattenseitenverhalten. Stellen Sie sich einmal vor, was es für ein Unternehmen von 100 000 Mitarbeitern bedeutet, wenn die Hälfte der Mitarbeiter – also 50 000 Menschen – unsichere Beziehungstypen sind. Es kann vielleicht für eine energiegeladene, fördernde Arbeitsatmosphäre sorgen, aber ganz sicher fördert es auch dysfunktionales Verhalten, negative Interaktion im Team und Fragmentierung im Unternehmen, besonders, wenn der Druck groß ist.

Das ist nur allzu häufig die Realität. Deshalb ist es für höhergestellte Führungskräfte von entscheidender Bedeutung, sich der eigenen Beziehungsmuster sowie der Muster anderer bewusst zu sein, sodass dem Team das alles entscheidende Gefühl von Sicherheit vermittelt werden kann.

FALLBEISPIEL: EIN RESET DER EIGENEN DENKWEISE DURCHFÜHREN

In einem großen internationalen Finanzunternehmen wurde die Hälfte der hundert Führungskräfte aufgefordert, andere Funktionen einzunehmen oder das Unternehmen zu verlassen. In einem sorgfältig geplanten Prozess wurden die Funktionen und Verantwortungsbereiche der obersten Führungsgruppe umgestaltet, dann wurden die Senior Manager ihren neuen Positionen zugeordnet. Dies geschah, weil ein bedeutender Teil der Bank transformiert werden und eine neue, agile Arbeitsweise annehmen sollte.

In den intensiven Einzelcoaching-Gesprächen fand der neu nominierte Senior Manager, der direkt an den Vorstand berichtete, etwas Interessantes heraus: Er war zutiefst davon überzeugt, dass er diese neue Funktion aufgrund seiner bisherigen Loyalität, Leistung und Arbeitsweise bekommen hatte. Was ihm überhaupt nicht klar gewesen war, war die Tatsache, dass er eigentlich befördert worden war, um die Bank neu zu erschaffen und sie in die Zukunft zu führen. Er war also in Wahrheit wegen seines Potenzials, die Zukunft zu gestalten, ausgewählt worden, und nicht, um die Vergangenheit zu wiederholen.

In seiner alten Funktion war seine innerste Überzeugung gewesen, dass es seine Aufgabe war, eine Vision zu schaffen, die besten Ideen dafür zu entwickeln, die Schwierigkeiten zu knacken und dann den ganzen Ansatz seinem Team zu ‚verkaufen‘, das diesen Ansatz dann umsetzen sollte. Und er glaubte immer, er müsse für die Disziplin bei der Implementierung sorgen. Zu jener Zeit, bei einem kleinen, 30-köpfigen Team, mit einer Kultur bestehend aus Anweisungen und Kontrolle im globalen Unternehmen, schien das zu funktionieren.

Jetzt aber stand er vor seinem ersten Town Hall Meeting, einer Versammlung aller Mitarbeiter, also einer Gruppe von 300 Mitarbeitern. Bis dahin blieben ihm nur noch drei Tage, um zu verstehen, was die wichtigsten Punkte waren, und er wusste nicht, welche Lösungsansätze er dafür anbieten könnte.

Wir fragten ihn also, warum er glaubte, er müsse immer der Klügste von allen sein, und warum er meinte, immer alle Probleme selbst lösen zu müssen. Wir analysierten seinen persönlichen Führungsstil, zuerst an der Oberfläche, dann auf den tieferen Ebenen. Immer der Beste zu sein und immer die Kontrolle zu haben, war in seinen Geschichten überaus wichtig. Er bekam langsam ein Verständnis dafür, dass er in seinen früheren Rollen die Probleme von der Geschäftsleitung ferngehalten und Probleme einfach selbst gelöst hatte; dass er für seine Fähigkeit, Probleme zu lösen und eine strenge Kontrolle aufrechtzuerhalten, belohnt worden war; dass ein solcher Ansatz bei einer so großen Gruppe einfach nicht funktionieren würde; und dass man so auch sicher nicht die nötige Agilität und Anpassungsfähigkeit erreichen würde, um diesen bedeutenden Teil des Unternehmens von Grund auf neu zu gestalten.

Wenn er die Transformation der Bank leiten wollte, musste er etwas tief in seinem Inneren verändern: die tiefer liegenden Gründe, Erfahrungen und Emotionen, die das Muster immer wieder aktivierten, »der Klügste sein« und »die Kontrolle haben« zu müssen. Nach einer tiefen und persönlichen Reflexion lösten sich die festgefahrenen Emotionen und Überzeugungen auf, und es entstand der nötige Raum für die Transformation.

Er nutzte das Town Hall Meeting dafür, um etwas Neues auszuprobieren: Er lud die 300 Mitarbeiter ein, ihre besten Ideen einzubringen, und sah seine eigene Rolle in der Orchestrierung dieser Ideen. Er definierte somit seine Rolle neu: als derjenige, der seine Kapazitäten dazu einsetzte, um die entscheidenden Fragen zu identifizieren, die er der Gruppe stellen würde, damit diese sie dann lösen konnte. Dadurch würde er seinem Team zutrauen, unternehmerisch zu denken und aktiv zu werden, anstatt selbst die Implementierung voranzutreiben und sein Team motivieren zu müssen. Es funktionierte. Menschen können sich selbst motivieren, solange wir sie einladen, ihr Bestes zu geben und wenn wir aufhören, ihnen zu sagen, was sie wie tun sollen.

Er wandte das Prinzip des *Leading from Behind* an, indem er einzelne Mitglieder des Teams dazu einlud, ihr Talent und ihre Energie einzusetzen, um Lösungen zu finden, die erfolgreich angewandt werden könnten. Er erfüllte die strategischen Anforderungen des Unternehmens, indem er selbst nicht mehr der Klassenbeste war, sondern zum Dirigenten der Talente wurde.

Den inneren Kompass multiplizieren

7. DEN INNEREN KOMPASS MULTIPLIZIEREN

FÜHRUNG MIT SINN UND WERTEN

Die Komplexität und Intensität der Transformationen, die in vielen Geschäftsbereichen und in der Gesellschaft gefordert werden, sind enorm. Das kann niemand allein schaffen. Um unser Bestes geben zu können, brauchen wir einander, denn in der Zusammenarbeit multiplizieren sich die Energien. Und nachdem jeder Mensch nur eine begrenzte Energie zur Verfügung hat, müssen wir uns darauf konzentrieren, unsere höchsten Werte und unsere Aufmerksamkeit den Themen und Zeitfenstern zu widmen, in denen wir am meisten bewirken können. Dazu müssen aber alle Akteure die Energie haben und bereit für den Einsatz sein.

In unserem Zeitalter von Komplexität, Unsicherheit und erdrutschartigen Verschiebungen in der Unternehmenswelt wie in der Gesellschaft stellt sich für viele die Frage, woran man sich noch halten soll. Externe Bezugsrahmen verblassen und verändern sich. Deshalb ist ein solider innerer Kompass nötig, um uns selbst und unsere Unternehmen auf jeder Ebene für die Zukunft zu rüsten.

Und, wie wir bereits angedeutet haben: Eine der größten Einschränkungen heute ist die Verknappung der menschlichen Energie. Die Anforderungen an die Leute sind heute so hoch, in der Arbeit wie im Privatleben, dass sie regelmäßig »wieder aufladen« müssen, um dauerhaft ihr Bestes zu geben. Die Menschen sind fieberhaft beschäftigt, mehr als je zuvor in der Geschichte, doch die Energie verpufft zu

großen Teilen in Ineffizienz, und die Resultate sind eher begrenzt. Die meisten glauben daran, dass »weniger mehr ist«. Doch viele Führungskräfte und ihr Unternehmen kämpfen damit, wie sie dieses Ideal und zugleich Effizienz erreichen können.

Wie wir bereits erwähnten, hat jeder einen inneren Kompass, und dieser ist der Schlüssel für die Lösung dieser Herausforderung. Der innere Kompass besteht aus dem »Goldenen Dreieck« aus Sinn, Werten und Vision. Wenn Menschen eingeladen werden, gemeinsam ihren inneren Kompass zu finden und mit anderen zu teilen, wird ein wunderbares Fundament geschaffen – ein Gefühl von Sinn und Zugehörigkeit. Noch besser und stärker ist die Wirkung, wenn Menschen ihren eigenen Sinn, ihre eigenen Werte und Visionen mit dem inneren Kompass des Unternehmens verbinden können. Wenn die inneren Kompasse von Mitarbeitern und Unternehmen in Synergie gebracht werden, gibt es einen mächtigen, kollektiven Schub, der das Unternehmen auf einen stabilen Kurs in eine erfolgreiche Zukunft bringen kann.

Selbstreflexion und ein gemeinsamer innerer Kompass sind eine Quelle des Vertrauens, des gemeinsamen Sinns und eines starken Zugehörigkeitsgefühls. Sie fördern die Begeisterung und maximieren die Energie, was wiederum einen schier endlosen, positiven Schub produziert, der alles voranbringt. Gemeinsam Ziele zu erreichen gibt Menschen im Endeffekt mehr Energie, als es ihnen abfordert. Der sinnorientierte Aufbau eines Unternehmens, erzielt durch einen Prozess – angetrieben durch die Führungskräfte –, bei dem Menschen im gesamten Unternehmen als Vorbilder fungieren, hat eine immense, nachhaltige Wirkung.

Wenn wir unseren inneren Kompass finden und leben, stellen wir sicher, dass wir stets in der Lage sind, unser Bestes zu geben und unser eigenes Leben zu leben – nicht ein Leben, das unsichtbar gesteuert wird von, und damit grundsätzlich behindert wird durch die Erwartungen anderer.

Wer sein eigenes Leben leben will, im echten Einklang mit sich selbst, muss eine detaillierte Kenntnis über seinen Lebenssinn haben, über seine wahren Werte und seine persönliche Vision. Denn diese sind uns Menschen überaus wichtig.

Es gehört zu den wichtigsten Realisationen von Senior Managern, wenn sie erkennen, dass sie gar nicht ihr echtes, eigenes Leben leben, sondern nur reagieren, wie es ihnen ihr Lebensskript diktiert. Eine hilfreiche Frage zur Selbsterforschung wäre hier: »Welcher Schmerz drängt Sie dazu, zu tun, was Sie tun?« Unser Lebenssinn lässt uns nach Erfolg streben, nach der ultimativen Akzeptanz unseres Selbst und danach, unsere Wunden und unser transgenerationales Leid zu heilen – jene chronische Melancholie, die von Generation zu Generation übertragen wird.

Der Sinn verleiht uns Antrieb, die Werte sind uns eine Richtlinie, wenn wir im Dilemma stecken oder Entscheidungen schwierig sind. Die Vision weist uns dann den Weg zum fernen Ziel, auf das wir zugehen wollen.

Wenn wir in Aufrichtigkeit leben und konsequent unserem inneren Kompass folgen, dann erhalten wir mehr Energie vom Leben zurück, als es uns abfordert. Das ist wie ein Perpetuum Mobile. Das Leben stimuliert jeden von uns dazu, seinen wahren Weg zu finden und ihn zu gehen. Wir können darauf vertrauen, dass andere dasselbe tun werden, so dass wir gemeinsam tun können, was getan werden muss.

Gemeinsam Werte zu schaffen – und als Führungskraft diese Werte dann als Vorbild überall im Unternehmen zu leben –, ist eine entscheidende Bedingung für eine dauerhafte Vertrauenskultur. Wertekonflikte gehören zu den schmerzlichsten Konflikten in Beziehungen. Sie zerstören das Vertrauen und lassen Ängste aufkommen, und zwar nicht nur bei denen, die direkt beteiligt sind, sondern auch in den Gemeinschaften, die direkt oder indirekt davon betroffen sind oder den Konflikt mitangesehen haben. Deshalb erfordert der zwischenmenschliche Umgang eine achtsame, vorsichtige Herangehensweise, bei der man die Menschen dort abholt, wo sie stehen, und somit eine Ausgangsbasis bestehend aus Respekt vor der Andersartigkeit des anderen schafft. Das gilt nicht nur für die Führungsebene, auf der oft starke Machtkämpfe und Schattenseitenkonflikte bestehen, sondern für jede Unternehmensebene.

Es ist nicht ungewöhnlich, zu denken: »Ich gehöre nicht zu dir, und wir beide gehören nicht zur Gruppe.«[2] In den meisten Fällen ist das aber ein Irrtum. Sie sollten stattdessen vielmehr denken: »Ich bin ein Teil der Gruppe, und die Gruppe ist ein Teil von mir.« Sie müssen sich selbst als Teil des Problems sehen, als Teil der Herausforderung, damit Sie Teil der Lösung werden können.

Es passiert immer wieder, dass Menschen überrascht sind, wenn sie sich besser kennenlernen und vertrauter miteinander werden, darüber, wieviel sie tatsächlich gemeinsam haben. Es ist jedes Mal mehr, als sie zu Anfang angenommen hatten, wenn sie dann aufgehört haben, darauf zu beharren, welche Unterschiede sie voneinander trennen.

Sich gemeinsam eine Vision zu schaffen, ist ein synthetischer Prozess (im Gegensatz zum analytischen). Wie können wir unsere besten Gedanken zusammenbringen und auf den Ideen des jeweils anderen aufbauen? Wie können wir unsere persönliche Vision in unsere Team- und Unternehmensvision einbringen? Wie können wir zusammenarbeiten und gemeinsam eine Vision schaffen, die von innen kommt? Eine gemeinsame Sinnhaftigkeit, starke, gelebte und gemeinsame Werte (inklusive korrigierender Maßnahmen gegen dysfunktionales Verhalten) und eine inspirierende, gemeinsam geschaffene Vision sind essenziell für Vertrauen, Schnelligkeit und adaptive Agilität. So wird Strategie zu einem laufend stattfindenden Prozess.

FALLBEISPIEL: DEN INNEREN KOMPASS MULTIPLIZIEREN

Ein großes Einzelhandelsunternehmen suchte nach einer Lösung, um sein gesamtes Personal wieder mit Energie aufzuladen. Die Kundenzentrierung sowie die Begeisterung und Energie im Unternehmen waren zentrale Problembereiche geworden und sollten wiederbelebt werden. Die Anstrengung einer Restrukturierung und eine lange Phase des Energieentzugs hatten Ängste aufkommen lassen, die das Engagement der Angestellten sowie ihre Identifizierung mit dem Unternehmen deutlich absacken ließen.

Als man uns bat, hier tätig zu werden, konzentrierten wir uns darauf, die führenden zwanzig Mitarbeiter wieder zu zentrieren, sowohl jeden Einzelnen für sich als auch als Gemeinschaft. In einem dreieinhalbtägigen Workshop lud man sie ein, über ihre jeweilige Lebensgeschichte nachzudenken, sie einander zu erzählen und ihren inneren Kompass zu finden (Sinn, Werte, Vision).

Nachdem sie intensiv an sich gearbeitet hatten und wieder auf ein normales Level des Vertrauens und des Verbundenheitsgefühls gelangt waren, lud man die Gruppenmitglieder ein, ihre inneren Kompasse zu einem gemeinsamen Teamkompass zu verschmelzen und daraus einen ersten Entwurf für einen unternehmensweiten Kompass zu entwickeln. Nachdem sie erlebt hatten, wie wirkungsvoll der Transformationsprozess war, den sie durchschritten hatten, führten sie offene, mutige Gespräche darüber, wie es aussehen müsste, wenn es im Unternehmen fantastisch laufen sollte, und wie man es schaffen könnte, diese Erfahrung im gesamten Unternehmen weiterzugeben und zu multiplizieren.

Während der hitzigen Debatte erfuhren sie, wie man mit der Schattenseiten-Dynamik umgeht, sowohl aus der Teamperspektive als auch für sich selbst. Sie lernten, mit Gefühlen in der Gruppe umzugehen, die eigene Atmung zu regulieren, um Ängsten zu begegnen, Schuldzuweisungen unter Kontrolle zu halten, den Bedürfnissen anderer Gruppenmitglieder Empathie entgegenzubringen und einander das zu geben, was jeder brauchte, um durch diese sehr emotionalen Gespräche hindurch zu navigieren. Es war nicht perfekt – weit davon entfernt –, doch es war ganz eindeutig der Anfang eines Veränderungsprozesses, der sich hier in einem geschützten Raum und in einer Atmosphäre der Zusammenarbeit abspielte. Immerhin arbeitete das Team Lösungen für einige sehr dringende Probleme heraus, und die Mitglieder signalisierten, dass sie sich persönlich um die Umsetzung kümmern würden.

Dennoch blieb eine Problemstellung schwer zu knacken: Wie können wir unsere Mitarbeiter an der Kundenfront in den Filialen erreichen? Sie hatten nicht die Zeit, um sie für einen oder gar zwei Tage in einen Transformations-Workshop zu schicken. Und es bestünde dann immer noch die Frage, ob sich mit nur einem einzigen Workshop wirklich nachhaltig

etwas ändern würde. Also wurde ein Pilotexperiment gestartet. Die Idee dahinter war eine »kontinuierliche Verbesserung«. Man brach das Konzept »Zwei-Tages-Workshop« herunter auf eine Stunde pro Woche, über insgesamt 13 Wochen. Der Inhalt wurde in gehaltvolle einstündige Einheiten umgestaltet, von denen jede Einzelne für sich schon wirkungsvoll war. Während des Experiments zeigte sich die integrative und multiplizierende Kraft jeder Einheit. Ein zusätzliches wöchentliches 15-Minuten-Gespräch zur Erinnerung hielt die Schubkraft der Sitzungen aufrecht.

Nachdem das Konzept einmal seine Effizienz bewiesen hatte, wurde eine Fortbildungsmaßnahme für interne HR-Mitarbeiter und Filialleiter durchgeführt. Durch diese Vereinfachung des Konzepts war der »Train the Trainer«-Ansatz überaus effektiv. Der Kerngedanke der kontinuierlichen Verbesserung war erfolgreich, und nach dem ersten Zyklus von 13 Wochen drehte sich das Rad kontinuierlich weiter.

Mutige Gespräche führen

8. MUTIGE GESPRÄCHE FÜHREN

MIT AUFRICHTIGKEIT SPRECHEN

Jeder Mensch hat einen inneren Kompass, in dem Lebenserfahrungen, Überzeugungen und erlernte Verhaltensweisen einander beeinflussen, zum Guten wie zum Schlechten. Wenn wir mit anderen zusammenarbeiten, bringen wir unsere tief eingeschliffenen mentalen Abläufe mit an den Tisch. Bei jedem Gespräch beeinflussen uns unsere Erfahrungen aus der Vergangenheit und stülpen sich den aktuellen Betrachtungen über. Das ist oft gerade bei den Themen der Fall, die uns am wichtigsten sind.

Um aus jedem das Beste herauszuholen, müssen wir die Denkweisen, Überzeugungen und Emotionen jedes Einzelnen als Ausgangspunkt nehmen und uns bemühen, die Menschen dort abzuholen, wo sie stehen.[5] Dann vertrauen wir auf die guten Absichten jedes Beteiligten und glauben, dass jeder Einzelne zur Lösung etwas beitragen sowie dem Team helfen kann voranzukommen.

Laden Sie jeden Beteiligten ein, mit Aufrichtigkeit zu sprechen, und Sie werden überrascht sein, wie viel die Menschen gemeinsam haben, im Vergleich zu den Unterschieden, die sie trennen. Das ist der perfekte Startpunkt, um Brücken zu bauen und vermeintliche Gräben zwischen den Teilnehmern zu überwinden. Als Vorgesetzter sollten Sie als Letzter sprechen und die Weisheit des Teams genießen. Laden Sie die Leute ein, den Prozess zu durchlaufen,

Verantwortung zu übernehmen und Eigenengagement zu zeigen. Das wird das Aktionspotenzial erhöhen.

Teams brauchen eine Aufwärmphase, bevor sie in den Hochleistungsmodus schalten können. Sie brauchen auch häufig Maßnahmen, um funktionsfähig zu bleiben, und das viel öfter, als wir glauben. Als Teamleiter sollten Sie sich zuerst darauf konzentrieren, was die Teammitglieder gemeinsam haben. Finden Sie erst später heraus, welche Differenzen es gibt, und integrieren sie diese, sofern es nötig ist.

Wann immer es möglich ist, wenden Sie die »Mayonnaise-Methode« an, sei es in einem offenen, mutigen Gespräch oder während eines wichtigen Entscheidungsfindungsprozesses. Wenn Sie Mayonnaise machen und diese schön cremig und lecker werden soll, wenn sich die Zutaten also gut verbinden sollen, dann müssen Sie das Öl tröpfchenweise hinzugeben. Man darf nicht die Geduld verlieren und alles auf einmal hineinschütten; dann verbinden sich die Zutaten nicht miteinander. Ein bewährter Prozess zur Entscheidungsfindung im Team ist, sich auf eine wirkungsvolle Kernfrage zu konzentrieren und dann das Team zunächst zur Einzelreflexion zu ermuntern. Anschließend bittet man die Teilnehmer, sich zu zweit zusammenzutun und das Thema zu besprechen, wobei sie davon ausgehen sollen, was sie gemeinsam haben. Das kann dann ausgeweitet werden, wenn diese Paare allmählich in immer größere Gruppen integriert werden. Auf diese Weise kommt das gesamte Team zusammen – vom Einzelnen zu kleinen Grüppchen und weiter zur ganzen Gruppe –, um potenzielle Lösungen zu suchen und schließlich zu gemeinsam erarbeiteten Entscheidungen zu kommen.

Im Folgenden finden Sie ein paar praktische Leitfragen, die sich auf allen hierarchischen Ebenen und in verschiedenen Branchen als wirkungsvoll erwiesen haben:

1. Einigen Sie sich auf und definieren Sie das Kernproblem, das Sie gemeinsam lösen wollen.
2. Fragen Sie, wie es aussehen würde, wenn es in Ihrem Unternehmen großartig läuft, und welche Ideen, Ressourcen oder Aktionen nötig wären, um dies zu erreichen.
3. Fragen Sie, welche potenziellen Hürden dem entgegenstehen, und welche Lösungsvorschläge es wiederum dafür gibt.

Ändern Sie die Art und Weise, wie die Teammitglieder miteinander sprechen. Das wird auch die Art und Weise verändern, wie sie die Dinge betrachten und letzlich auch ihre Handlungsweise modifizieren. Ermuntern Sie so oft wie möglich die Teammitglieder, Themen beim Spazierengehen zu besprechen. Das ist viel besser, als sich in trostlosen Konferenzräumen durch Powerpoint-Charts zu klicken.

Überlegen Sie einmal, wie viele Stunden Büromenschen im Verlauf einer Woche an Konferenztischen sitzen. Das entzieht auf schleichende, heimtückische Weise Energie. Menschen sind nicht dafür gemacht, den ganzen Tag zu sitzen. Ihre wahre Natur ist es, aufrechtzugehen und aktiv zu sein. Deshalb empfehlen wir dringend, mehr Meetings im sogenannten Walk-and-Talk-Format abzuhalten.

Wenn wir beim Reden gehen, folgen unsere Gespräche weniger einer strengen Struktur, sind weniger von Ängsten geprägt, sie werden dadurch offener, aufrichtiger und echter. Der Puls kommt in Schwung, die Atmung ebenfalls, die Körperflüssigkeiten kommen ins Fließen, und die Endorphine, die dadurch ausgeschüttet werden, sorgen für eine positivere Stimmung. Außerdem werden wir anpassungsfähiger und sind eher dazu bereit, gemeinsame Lösungen zu finden, wenn so unsere Energiedepots aufgeladen werden.

Gehen verleiht uns mehr Energie, sodass der Körper dabei mit Spannungen, die im Gespräch eventuell aufkommen, besser umgehen kann, um sie dann aufzulösen. In einem Konferenzraum mit Neonlicht würde ein solcher Stress Muskelverspannungen und erhöhten Blutdruck hervorrufen. Die altbewährte Gesprächstechnik ist ein Spaziergang, bei dem man nebeneinander hergeht und in dieselbe Richtung blickt, anstatt sich gegenüberzusitzen und einander direkt ins Gesicht zu sehen. Wissenschaftler an der Universität Stanford haben Belege dafür gefunden, dass das menschliche kreative Denken um 60 Prozent steigt, wenn das Walk-and-Talk-Meeting-Format angewendet wird.

Manchmal haben wir aber aus irgendeinem Grund dennoch nicht die Möglichkeit, beim Spazierengehen zu reden, und sind gezwungen, uns an einem Konferenztisch zusammenzusetzen. Den meisten Leuten ist dabei gar nicht klar, wie sehr der Tisch selbst die zwischenmenschliche Kommunikation blockiert. Er tut dies besonders in Bezug auf die physische Kommunikation (Körpersprache) und den Austausch in den irrationalen Bereichen. Wenn Sie also schon gezwungen sind, in einem Büroraum zusammenzutreffen, können Sie maximale Effektivität dadurch erreichen, dass die Teilnehmer in einem Stuhlkreis sitzen – ohne einen Tisch, der die Teilnehmer voneinander trennt. Das ist die uralte Art und Weise, wie die Stämme sich zum Reden ums Lagerfeuer versammelten.

Wenn wir von einem Meeting zum nächsten hasten, haben wir wenig Zeit, um für das nächste Meeting den Kopf frei zu bekommen und unsere Energien zu regenerieren. Wenn wir im Meeting ankommen, machen wir im Allgemeinen einen Kaltstart, indem wir die Agendapunkte einen nach dem anderen abhaken. Üblicherweise redet dabei die meiste Zeit eine einzige Person, oder auch ein paar Personen, während die anderen zuhören – oder eben auch nicht, je nachdem, ob sie einen Tagesordnungspunkt für relevant halten.

Wir können das offene, mutige Gespräch fördern und unterstützen, indem wir öfter das Wort »Ja« einsetzen. Ohne das Ja kann man nichts erreichen. Aber wie baut man eine positive Gesprächskultur auf, in der aktiv Ja gesagt wird? Wie kommt man zu diesem »Ja, mir gefällt Ihre Idee, und ich bin dabei!«?

Im Gespräch unter vier Augen tun wir dies relativ spontan. In der Gruppe jedoch kommen Ängste auf, und wir hören auf, aktiv Ja zu sagen. Doch immer, wenn wir Ja sagen, bewegt sich die Energie der Gruppe in eine positive Richtung. Wenn wir ehrlich sind, neigen wir in Gesprächen doch die meiste Zeit dazu, uns mit den Konflikten zu beschäftigen.

Sprechen Sie weniger, und sagen Sie ganz bewusst öfter Ja. Führung durch aktive Unterstützung ist eine wirkungsvolle Methode, um das Unternehmen voranzubringen.

FALLBEISPIEL: MUTIGE GESPRÄCHE FÜHREN

Ein führendes globales Unternehmen wollte eine völlig neue Art finden, seine obersten Führungskräfte anzusprechen. Es mussten offene, mutige Gespräche geführt werden, um die erforderliche Transformation in sechs großen Themenbereichen herbeizuführen: Kundenzentrierung, Denkweise, Umsetzung, Corporate Entrepreneurship, Zusammenarbeit und Innovation.

Der CEO stand vor einer großen Frage: Wie konnte man eine inspirierende Sitzung mit so vielen Teilnehmern gestalten und dabei maßgebliche Fortschritte im Bewusstsein, unternehmerischem Denken und der Entscheidungsfreudigkeit erzielen?

Um diese vielen verschiedenen Ziele zu erreichen, konzentrierten wir uns zunächst darauf, einen effektiven Meetingprozess zu entwickeln. Gemeinsam entwarfen wir eine Form der Führungsklausurtagung (*Leadership Journey*), bei der 40 Gruppen mit je sechs Teilnehmern an unterschiedlichen Aufgabenstellungen arbeiten sollten, während sie in freier Natur spazieren gingen und miteinander redeten. Voraussetzung dafür war eine Reihe von Leitfragen, die den Prozess steuerten. Die Frage-Antwort-Struktur begann auf der persönlichen Ebene, dann sprach man über das Team und schließlich über das Unternehmen. So wurden die Gedanken der Einzelnen nach und nach mit denen der Klein-

gruppen verwoben und das Ganze dann in der großen Gruppe vorgestellt. Weitere Elemente waren die Besprechung von zündenden Ideen und Best Practices mit Kollegen, Spaziergänge in der Natur und der Gebrauch von mobilen Tablets, um ein positives Erlebnis zu schaffen und gleichzeitig für die nötige Qualitätskontrolle zu sorgen, so dass der Prozess vollkommen selbstorganisiert ablaufen konnte.

Während der Durchführung waren die Führungskräfte in Gespräche über die sechs kritischen Themenbereiche und deren Transformation vertieft, die für ihr Unternehmen so dringend erforderlich war. Die Gespräche blieben fokussiert, relevant und von praktischem Nutzen. Dadurch wurde Vertrauen aufgebaut, und es wurden die besten Ideen aus der kollektiven Intelligenz der Gruppe generiert, während das unternehmerische Denken auf allen Ebenen gestärkt wurde.

Nach dem Frühstück wurden die Gruppen in nahe gelegene öffentliche Parks geführt. Jeder Gruppenleiter kümmerte sich um die Tablets und kannte das Tagesprogramm. Die Gruppen benutzten die Tablets, um die Themen zu sichten. Jede Arbeitseinheit begann mit einer Vorbereitung des Themas und einem inspirierenden Video, gefolgt von einer Eigenreflexion sowie einer Gruppendiskussion. Am Ende jeder Einheit wurde das Gruppenergebnis zu

dem Thema ins Tablet eingetragen, woraufhin alle Daten gesammelt und analysiert wurden.

Schlussfolgerungen wurden formuliert und der gesamten Gruppe präsentiert, als alle wieder im Konferenzraum versammelt waren. Pro Thema wurden drei Empfehlungen plus eine externe Expertenempfehlung abgegeben und diese wurden in der großen Gruppe vorgestellt. Im nächsten Schritt wählten die Teilnehmer die Empfehlung aus, an der sie arbeiten wollten, und formierten sich wiederum zu kleinen Gruppen. Nach weiteren Beratungen wurden ihre Endresultate erneut in die Tablets eingetragen. Am Abend wurden die Ergebnisse analysiert. Sie dienten als Ausgangspunkt für die Teamberatungen am nächsten Tag, bei denen Aktionspläne entworfen werden sollten.

Eine der Teilnehmerinnen gab ein sehr berührendes Feedback. Sie gestand, sie habe es niemals für möglich gehalten, dass man sich über so sensible Themen mit so einer großen Gruppe und in so kurzer Zeit einigen würde. Sie sagte, sie habe noch nie ein so ausgeprägtes Gefühl von Zusammenarbeit und gemeinsamer Ausrichtung bei einer Maßnahme im Geschäftsumfeld erlebt.

Das Schöne an der Maßnahme war – abgesehen davon, dass sie richtungsweisend und teambildend war, und abgesehen von der Zusammenarbeit, den erarbeiteten Empfehlungen und Aktionsplänen –, dass es sich wegen der Spaziergänge und Gespräche in freier Natur nicht einmal wie Arbeit angefühlt hatte.

Feedback/

Feedforward

9. FEEDBACK/ FEEDFORWARD

WIE SIE KONTINUIERLICHE VERBESSERUNGEN ERZIELEN

Wir alle sehnen uns zutiefst danach, wahrgenommen, gehört und vor allem geschätzt zu werden. Letztlich wollen wir so gesehen werden, wie wir wirklich sind. Wir alle tun auf unsere Weise unser Möglichstes, um etwas beizutragen, was in unseren Augen von Wert ist. Wenn wir besonders energiegeladen sind, kommt dieser Beitrag manchmal von unserer Lichtseite. Ein anderes Mal, wenn wir unter Druck stehen und uns Ängste quälen, kommt er von unserer Schattenseite.

Ein aufrichtiges, respektvoll vorgebrachtes Feedback ist das kostbarste Geschenk, das wir anderen Menschen machen können. Bereits die Tatsache ist unbezahlbar, dass ein anderer sich die Zeit nimmt und aufmerksam betrachtet, was man selbst tut und wer man ist. Noch besser ist es, wenn wir praktische Feedforward-Tipps bekommen, was wir besser machen könnten.

Die Bitte um Feedback kann einen überaus wirkungsvollen Prozess auslösen, nicht nur bei Ihnen, sondern auch bei den Menschen in Ihrem Umfeld. Wenn Sie um Feedback bitten, übernehmen Sie die Vorbildfunktion für das neue Verhalten, und andere werden es Ihnen gleichtun. Die Bitte um Feedback ist die wirkungsvollste Maßnahme von allen in einem menschenzentrierten Ansatz.

Feedback ist einer der zentralen und entscheidenden Prozesse in der Zusammenarbeit mit anderen Menschen. Dieser Prozess besteht aus vier Schritten: Bitten, Geben, Entgegennehmen und Handeln.

Das ultimative Ziel dabei ist es, eine Feedbackkultur zu schaffen, in der jeder, auf jeder Ebene, den Mut aufbringt, um aufrichtiges Feedback zu bitten. Dieser Mut ist das Wichtigste, wenn man eine Feedbackkultur aufbauen will. Dabei wirkt die Vorbildfunktion als Multiplikator. Neuere Studien in großen, globalen Unternehmen haben gezeigt, dass die Mitarbeiter sich sehr wohl trauen, in der Hierarchie von oben nach unten ein aufrichtiges Feedback zu geben. Eine völlig andere Geschichte ist es jedoch von unten nach oben, da Mitarbeiter die Folgen ihrer Ehrlichkeit fürchten.

Feedback entgegenzunehmen, gehört zu den schwierigsten Erfahrungen, die wir Menschen machen. Aufgrund von früheren Erfahrungen im Leben mit Familienmitgliedern, Freunden, Lehrern und Vorgesetzten haben wir oft Angst davor, kritisiert zu werden. Also neigen wir dazu, uns zu verschließen, noch bevor das Feedback überhaupt rational oder emotional ankommen konnte. Die beste Haltung ist jedoch, offen zu bleiben, das Feedback voll und ganz entgegenzunehmen und sich zu bedanken. Auch wenn Sie es nicht gerne hören oder wenn Sie es in dem Moment nicht richtig finden – Sie können dem Geber des Feedbacks dennoch für seine Zeit und Mühe danken. Es ist völlig in Ordnung, wenn Sie sagen, Sie bräuchten etwas Zeit, um über das Feedback nachzudenken, besonders, wenn Sie es nicht für korrekt halten. Schlafen Sie darüber, denken Sie darüber nach, überlegen Sie, was Sie daraus lernen können, und bleiben Sie offen und aufnahmebereit.

Nur wenn wir das Feedback an unsere Gefühle heranlassen, bringen wir die Energie auf, um uns zu verbessern.

Und noch etwas Wichtiges gilt es im Kopf zu behalten: der Inhalt jedes Feedbacks sagt genauso viel über denjenigen aus, der es abgibt, wie über denjenigen, der es bekommt. Was die Menschen in unserem Umfeld von uns erwarten, ist, dass wir mit dem Feedback, das wir bekommen haben, auch etwas anfangen können und somit daran arbeiten, uns zu verbessern. Sie erwarten von uns, dass wir ihr Feedback ernstnehmen und auf Basis dessen deutlich wahrnehmbare Fortschritte machen. Die wirkungsvollste Art, an seiner Verbesserung zu arbeiten, ist, eine Leistungs-/Lernkoalition zu bilden, in der Kollegen in den Feedbackprozess von Anfang an miteingebunden werden. Sie setzen sich permanent mit dem Feedback auseinander und unterstützen damit die Fortschritte des Kollegen so lange, bis die Verhaltensveränderung fest verankert ist.

Der schnellere und leichtere Ansatz ist das Feedforward. Die Menschen lernen und trauen sich, um Tipps zu bitten, wie sie sich verbessern könnten. Wiederum geben Kollegen ihnen dann auch konkrete Tipps, wenn sie darum gebeten werden. In der Praxis wird das Feedforward gerade immer üblicher, denn es bewirkt einen starken Vorwärtsschub. Es sorgt für strikte Einhaltung und lässt keine Ausweichmöglichkeiten vor dem transformierenden Verhalten zu. Besonders, wenn das Feedforward bei den kleinen, alltäglichen Verhaltensweisen angewandt wird, ist die Wirkung auf die Verhaltensänderung groß.

Eine ganz besondere Version des bewussten Feedbacks ist der fokussierte Ansatz des »wertschätzenden« Feedbacks. Der Gedanke dahinter ist: »Wir schätzen, was richtig ist, dann haben wir auch die Energie, in Ordnung zu bringen, was falsch ist.«[8]

Es ist jedoch nebensächlich, welche Methode Ihnen lieber ist, Feedback/Feedforward ist das wirkungsvollste Instrument für ein Unternehmen, um Verbesserungen exponentiell zu beschleunigen. Und es kostet nichts! Alles, was man dazu braucht, ist die kontinuierliche Vorbildfunktion der obersten Führungskräfte, indem sie um Feedback/Feedforward bitten. Wenden Sie einfach das Weihnachtsmann-Gesetz an: Bitten Sie um das, was Sie brauchen ...

FALLBEISPIEL: FEEDBACK/FEEDFORWARD

Ein großes Finanzdienstleistungsunternehmen hatte ein ernstes Problem mit dem Risikobereich, einem seiner entscheidenden Unternehmensteile. Die Führung beschloss, eine Maßnahme durchzuführen, die das Team nach vorne katapultieren und dessen Leistung deutlich steigern sollte. Während der Vorgespräche stellte sich heraus, dass es in der Gruppe keinen Zusammenhalt gab und vielfach Ängste herrschten. Schritt für Schritt wurde das Team durch die Praktiken des *Leading from Behind* angeleitet. Nach und nach fanden die Teilnehmer einen gemeinsamen Nenner und lernten einander besser und persönlicher kennen.

Dieser Prozess schuf die Grundlage für offene, mutige Gespräche über relevante Unternehmensthemen. Darin wurde deutlich, dass eine Tendenz vorherrschte, über die Dinge zu sprechen, die nicht funktionierten, und diese zu analysieren. Dazu kam eine kräftige Prise Schuldzuweisungen. Das blockierte das Team und verständlicherweise schlugen die Emotionen in diesen Gesprächen dementsprechend hoch.

Auf der Grundlage einer gemeinsamen Sprache, die in den ersten Schritten erarbeitet worden war, wurde deutlich, dass das Team aus Problemlösern, Beschützern und vor allem aus Überlebenskünstlern bestand. Wenn die Debatte hitzig wurde, fingen die Beschützer an, die anderen zu beschuldigen, während die Überlebenskünstler ruhig wurden und den Kopf einzogen. Die ständigen Gespräche darüber, was nicht gut lief und was die Ursachen dafür sein könnten, entzogen dem Team die Energie und ließen unter den Teilnehmern

Unsicherheit und Misstrauen aufkeimen. Das alles zusammen untergrub den Glauben der Gruppe an die eigenen Fähigkeiten. Der große Wendepunkt kam, als das Feedforward vorgestellt wurde und das Team lernte, wie sich dies vom Feedback unterscheidet.

Wir luden das Team ein, das Gespräch anders zu beginnen, nämlich mit Fragen und Gedanken, die sich am Feedforward orientierten. Wohin wollten sie gehen? Wie könnten sie einen Weg finden, der sie voranbringen würde? Welche Vision hatten sie? Was war nötig, um dorthin zu gelangen? Wie schafften sie es, dass jeder von ihnen sein Bestes gab?

Durch die Fokussierung auf die Vision stieg das Energieniveau in der Gruppe an – man hatte den Hebel gefunden, der die Dinge wieder ins Laufen brachte. Die Teilnehmer begannen, an dem Weg zu arbeiten, der sie voranbringen sollte. Danach stellte sich das Team die Frage: »Was haben wir aus der Vergangenheit gelernt und was davon müssen wir integrieren, um voranzukommen?« Im Ergebnis zeigte sich, dass sie sich auf die Zukunft konzentrieren mussten, wenn sie vorankommen wollten. Vertrauen, Zuversicht und der Glaube an die Fähigkeit der Gruppe, Sachen bewirken zu können, kehrten zurück. Als Zuversicht und Energie zurückkehrten, sprang der Funke über: Vorwärts!

Aus alldem wurde klar: Die Art der Fragestellung bestimmt die Qualität der Antwort.

WER WIR SIND

WIR MACHEN FÜHRUNGSKRÄFTE FIT FÜR DEN WANDEL

Courage11 ist ein unabhängiges globales Unternehmen aus erfahrenen Profis, die sich der Aufgabe gewidmet haben, Führungskräfte für den Wandel fit zu machen. Wir arbeiten mit Teams auf höchster Verantwortungsebene großer Unternehmen und ihren Senior-Führungskräften zusammen.

Wir machen es Führungskräften in der Unternehmensleitung möglich, den besten Führungsstil zu entwickeln: für sich selbst, für ihre Teams und für ihr ganzes Unternehmen. Unser Fokus liegt dabei auf einem kollektiven Führungsansatz innerhalb und zwischen Teams, um Wachstum und Wertschöpfung zu steigern. Wir arbeiten von innen nach außen und wenden ein stakeholderzentriertes Coaching an. Wir stärken systematisch Mut und Zuversicht im gesamten Unternehmen und verwandeln sie in koordinierte Zugkraft.

Unser Ziel ist dabei eine exponentielle Transformation:
1 + 1 = 11. Courage11.

Unsere Arbeit basiert auf neuesten, einfachen, tragfähigen und leicht zu erlernenden Praktiken, die über alle Kulturen und Unternehmensebenen hinweg funktionieren. Unser Arbeitsstil ist nicht aufdringlich, aber aufrichtig und gut umsetzbar. Unsere Arbeit ist intensiv, sie hat eine tiefergehende und nachhaltige Wirkung auf die Mitarbeiter und das gesamte Unternehmen.

Wir weisen den Weg zu den Fähigkeiten, die die Führung in der Unternehmenstransformation erfordert, wir leben sie vor und bauen sie langsam auf. Wir coachen Senior-Führungskräfte, ihre Teams und Unternehmen und geben ihnen die nötigen Werkzeuge an die Hand, um das Unternehmen, den darin herrschenden Führungsstil und dessen transformative Kultur leistungsfähig zu machen. Wir entwickeln kontinuierlich innovative Wege und digitale Lösungen, um die Transformation nachhaltig zu gestalten.

Wir leben unsere Werte:

- **Liebe** – Gehe immer von einer guten Absicht aus.
- **Mut** – Spüre die Angst und tue dann trotzdem, was du tun musst.
- **Handeln** – Mach die Welt ein Stück besser.
- **Pragmatismus** – Was funktioniert, ist auch richtig.
- **Etwas bewirken** – Ein besseres Leben für jeden, mit dem wir zu tun haben.

DIE AUTOREN

DIRK DEVOS

Dirk Devos ist ein internationaler Experte für Unternehmensführung in anspruchsvollen Veränderungsprozessen. Dabei liegt sein besonderer Schwerpunkt auf großen Systemeingriffen, der Führungskräfteentwicklung, Familiensystemtheorie und dem Organizational Learning. Er arbeitet mit Kunden aus unterschiedlichen Branchen, unter anderem mit Finanzdienstleistern, Unternehmen aus dem Bereich FMCG, Professional-Service-Firmen, Einzelhandels- und Energieunternehmen, Unternehmen der Prozessindustrie sowie Bildungsinstitutionen.

Seine Interventionen sind minimalistisch gehalten und wollen sowohl unternehmerisches Denken als auch Verantwortungsbewusstsein vom ersten Moment an entwickeln. Er ist überaus stark darin, Vertrauen unter den Senior-Führungskräften, ja, im gesamten Unternehmen aufzubauen. Gleichzeitig schafft er ein Unternehmensklima von Leistungsschub und Handlungsbereitschaft.

Dirk Devos verhilft Senior-Führungskräften und ihren Teams zu einer tragfähigen Strategie. Seine Spezialgebiete sind Einzel- und Teambegleitung, integrierte Strategieentwicklung sowie Führungskräfteentwicklung, wirkungsvolle Führung, interkulturelle Kooperation und durchschlagende Strategie-Innovationen. Er unterstützt Unternehmensführer dabei, die DNA eines Unternehmens auf ein Hochleistungsniveau zu bringen.

Dirk Devos war Partner von mehreren globalen Leadership-Boutique-Consulting-Firmen. Er ist Absolvent des Masterstudiengangs Dialogos – Strategischer Dialog am Massachusetts Institute of Technology (MIT) und Koautor von *21 Leaders for the 21st Century*, einem Buch, das sich mit Wertekultur und Win-win-Strategien im Kontext interkultureller Unternehmen auseinandersetzt.

Im Laufe der Zeit hat er tiefverwurzelte, integrierte und bewährte praktische Fähigkeiten in vielen verschiedenen Rollen entwickelt, unter anderem als Berater der Unternehmensführung, als Führungskräftecoach, Strategieberater, Berater in der Unternehmensentwicklung und in Changeprozessen, in der Entwicklung und Durchführung von Workshops, als Teamcoach, Trainer, Berater bei Train-the-Trainer-Prozessen, Berater für Berater, Dialoggestalter und Begleiter in persönlichen Lern- und Entwicklungsprozessen.

Dirk Devos spricht fließend Niederländisch, Englisch, Französisch und Deutsch.

MANON DE WIT

Manon de Wit ist eine internationale Expertin für Unternehmensführung in anspruchsvollen Veränderungsprozessen, Coaching und Kommunikation. Ihr Schwerpunkt liegt in der Förderung des kollektiven Aspekts in der Unternehmensführung und der Steigerung der Performance von Einzelpersonen, Teams und Unternehmen.

Ihre Leidenschaft ist es, Führungskräften zu ihrem eigenen, einzigartigen und wirkungsvollen Führungsstil zu verhelfen. Sie verfügt über besondere Fähigkeiten, Gruppen und Einzelpersonen zu coachen und ihnen praktikable Wege aufzuweisen. Sie ist Coach für Führungskräfte der obersten Unternehmensebene und Senior-Führungskräfte in großen, globalen Unternehmen. Ihr Ziel ist es, das Beste herauszuholen, was in Einzelpersonen und Teams steckt, und ihnen damit ihre jeweilige Leistungsfähigkeit zu steigern. Sie handelt aus der tiefen Überzeugung heraus, dass offene, mutige Gespräche, Feedback und Feedforward sowie gemeinschaftliches Erschaffen von Neuem zu den besten Ergebnissen führen. Dabei richtet sie ein besonderes Augenmerk auf die Fähigkeiten der Dialogführung, denn diese sind in diesem Prozess von entscheidender Bedeutung.

Manon de Wit glaubt, dass jeder Einzelne und jedes Team über eine Menge ungenutztes Potenzial verfügt. Zu Beginn steigt sie deshalb tief ein in das Thema Verhaltensmuster. Ihr Coachingstil ist zielgerichtet, klug, inspirierend und verleiht neue Energie. Dabei geht sie von den systemischen Grundbedürfnissen des Menschen aus: Bindung, Ordnung und Gleichgewicht des Geben und Nehmen. Ihr Coaching zielt darauf ab, das persönliche Wachstum zu beschleunigen und zu vertiefen, über die Grenzen dessen hinaus, was der Betreffende für möglich gehalten hätte. So erhalten Einzelpersonen und Teams eine große Auswahl an praktikablen Verhaltensmustern und bekommen gleichzeitig Hilfestellungen, um ihre dysfunktionale Muster abzulegen sowie die eigene Resilienz zu erhöhen. Um dieses Ziel zu erreichen, schärft Manon de Wit die bewusste Wahrnehmung eigener Abwehrmechanismen und Masken.

Mit ihrem bodenständigen Pragmatismus und ihrer Neigung, stets eher die Sonnenseite aller Dinge zu sehen, wird Manon de Wit als warmherziger, effizienter und fähiger Coach wahrgenommen, der die Menschen dazu befähigt, auf sichere Weise aus ihrer Komfortzone herauszukommen. Sie schafft es, dass Menschen sich öffnen und verhilft ihnen so zum Durchbruch – auf persönlicher wie beruflicher Ebene.

Manon de Wit war Partnerin in einer globalen Führungsberatungsfirma und ist Expertin im Bereich Teamdynamiken, Unternehmenssysteme und erfahrungsbasiertes Lernen. Sie arbeitet auf Niederländisch und Englisch, versteht aber auch Deutsch.

ROBERT LUBBERDING

Robert Lubberding ist ein internationaler Experte für Unternehmensführung in der Transformation. Zu seinen Schwerpunkten gehören Führungskräftecoaching, Teambuilding, Kulturwandel im Unternehmen, Führungskräfteentwicklung, Talentmanagement, Change-Management, Steuerung von Unternehmen, Programmmanagement und Strategieumsetzung. Er war Partner in mehreren Professional Service Firms, wo er verantwortlich war für Human Resources und Change Practice auf lokaler wie internationaler Ebene.

Robert Lubberding begleitet Senior-Führungskräfte und ihre Teams, um hochwirksame Strategien zu schaffen. Er kombiniert Strategie- und Führungskräfteentwicklung zu Change-Ansätzen, die Mitarbeiter in dem Unternehmen zusammenbringen und mitreißen. Sein Fokus liegt auf dem Aufbau von Führungsfähigkeiten für eine effektive Leitungskultur und Aufgabenbewältigung. In seiner Beratungstätigkeit greift er auch auf die eigenen praktischen Erfahrungen mit all ihren Hochs und Tiefs aus mehr als 20 Jahren auf der Führungsebene in verschiedenen Beraterfirmen zurück.

Er hat an großen Change-Programmen für Unternehmen verschiedener Branchen in Europa und Amerika gearbeitet, wie in Bildungsinstitutionen, im Ingenieurswesen, bei Finanzdienstleistern, im Bereich Fast Moving Consumer Goods (FMCG), in Produktionsunternehmen, Professional Service Firms, der Anlagenindustrie sowie in Einzelhandelsunternehmen.

Über die Jahre hat er in vielen unterschiedlichen Rollen gewirkt: als Berater der Führungsebene, Führungskräftecoach, Strategieberater, Change-Architekt, Prozessbegleiter (auch in groß angelegten Programmen), Trainer, Leiter von Train-the-Trainer-Maßnahmen und Programmmanager.

Robert Lubberding arbeitet auf Niederländisch, Englisch und Deutsch.

ANMERKUNGEN

[1] Lane, David; Maxfield, Robert. »*Strategy Under Complexity: Fostering Generative Relationships.*« Long Range Planning (1996): 215–231.

[2] Agazarian, Yvonne. *System-Centered Therapy for Groups.* New York: The Guildford Press, 1997.

[3] Hellinger, Bert. *Family Constellations Revealed: Hellinger's Family and Other Constellations Revealed: Volume 1 (The Systemic View).* Antwerp: Indra Torsten Preiss, 2012.

[4] Kantor, David. *Reading the Room.* San Francisco: Jossey-Bass, 2012.

[5] Isaacs, Williams. *Dialogue and the Art of Thinking Together.* New York: Doubleday, 1999.

[6] Cooperrider, David; Kaplin Whitney, Daina. *Appreciative Inquiry.* San Francisco: Berrett Koehler Communications, 1999.

[7] Bourbeau, Lise. *Heal Your Wounds & Find Your True Self.* Saint-Jerome, Quebec: Les Editions ET.C. Inc., 2001.

[8] *Celebrate What's Right – the Film.* Last modified 2018. http://celebratewhatsright.com/film-0.

[9] Scharmer, Otto. *Theory U: Leading from the Future as it Emerges.* San Francisco: Berret-Koehler Publishers, Inc., 2009.

[10] Senge, Peter; Scharmer, Otto; Jaworski, Joseph; Flowers, Berry Sue. *Presence: An Exploration of Profound Change in People, Organizations, and Society.* New York: Crown Business, 2008.

[11] Lutkehaus, Nancy. *Margaret Mead: The Making of an American Icon.* Princeton NJ: Princeton University Press, 2008, p. 261.

[12] Goldsmith, Marshall; Reiter, Mark. *What Got you Here Won't Get you There: How Successful People Become Even More Successful.* New York: Hyperion, 2007.

[13] Levine, Amir; Heller, Rachel. *Attached: The New Science of Adult Attachment and how it Can Help You Find – and Keep – Love.* New York: Penguin Group, 2010.

QUELLEN

Dieses Buch wurde im besonderen geprägt durch die Werke von:

Agazarian, Yvonne. *System-Centered Therapy for Groups.* New York: The Guildford Press, 1997.

Berne, Eric. *Games People Play: The Basic Handbook of Transactional Analysis.* New York: Ballantine Books, 1964.

Bohm, David. *On Dialogue.* London and New York: Routledge, 1996.

Bourbeau, Lise. *Heal Your Wounds & Find Your True Self.* Saint-Jerome, Quebec: Les Editions ET.C. Inc., 2001.

Celebrate What's Right - the Film. Last modified 2018. http://celebratewhatsright.com/film-0.

Cooperrider, David; Kaplin Whitney, Daina. *Appreciative Inquiry.* San Francisco: Berrett Koehler Communications, 1999.

Drucker, Peter. *Managing in Turbulent Times.* New York: Routledge, 2011.

Gawdat, Mo. *Solve for Happy: Engineer your Path to Joy.* New York: Simon & Schuster, Inc., 2017.

Goldsmith, Marshall; Reiter, Mark. *What Got you Here Won't Get you There: How Successful People Become Even More Successful.* New York: Hyperion, 2007.

Goldsmith, Marshall; Reiter, Mark. *Triggers: Sparking Positive Change and Making it Last.* London: Profile Books LTD, 2015.

Harari, Yuval N. *Sapiens: A Brief History of Humankind.* First U.S. edition. New York, NY: Harper, 2015.

Harari, Yuval N. *Homo Deus: A Brief History of Tomorrow.* First U.S. edition. New York: Harper, an imprint of HarperCollins Publishers, 2017.

Hellinger, Bert. *Family Constellations Revealed: Hellinger's Family and Other Constellations Revealed: Volume 1 (The Systemic View).* Antwerp: Indra Torsten Preiss, 2012.

Hill, Linda A. »*Leading from Behind.*« *Harvard Business Review.* May 5, 2010. Accessed December 1, 2017. https://hbr.org/2010/05/leading-from-behind.

Isaacs, Williams. *Dialogue and the Art of Thinking Together.* New York: Doubleday, 1999.

Ismail, Salim; Malone, Michael; Van Geest, Yuri; Diamandis, Peter. *Exponential Organizations: Why New Organizations Are Ten Times Better, Faster, and Cheaper than Yours (and What to Do About it).* New York: Diversion Books 2014.

Kantor, David. *Reading the Room.* San Francisco: Jossey-Bass, 2012.

Lane, David; Maxfield, Robert. »*Strategy under Complexity: Fostering Generative Relationships.*« *Long Range Planning* (1996): 215–231.

Levine, Amir; Heller, Rachel. *Attached: The New Science of Adult Attachment and How it Can Help You Find – and Keep – Love*. New York: Penguin Group 2010.

Lutkehaus, Nancy. *Margaret Mead: The Making of an American Icon*. Princeton NJ: Princeton University Press, 2008, p. 261.

Mandela, Nelson. *Long Walk to Freedom: the Autobiography of Nelson Mandela*. London: Abacus, 2003.

Patterson, Kerry; Grenny, Joseph; McMillan, Ron; Switzler, Al. *Crucial Conversations: Tools for Talking when Stakes are High*. USA: McGraw-Hill, 2012.

Raworth, Kate. *Doughnut Economics: 7 Ways to Think Like a 21st Century Economist*. Vermont: Chelsea Green Publishing, 2017.

Scharmer, Otto. *Theory U: Leading from the Future as it Emerges*. San Francisco: Berret-Koehler Publishers, Inc., 2009.

Senge, Peter M. *The Fifth Discipline: the Art and Practice of the Learning Organization*. New York: Doubleday/Currency, 1990.

Senge, Peter; Scharmer, Otto; Jaworski, Joseph; Flowers, Berry Sue. *Presence: An Exploration of Profound Change in People, Organizations, and Society*. New York: Crown Business, 2008.

Sinek, Simon. *Start With Why: How Great Leaders Inspire Everyone to Take Action*. New York: Portfolio/Penguin, 2011.

Weick, Karl; Roberts, Karlene. »*Collective Mind in Organizations: Heedful Interrelating on Flight Decks.*« *Administrative Science Quarterly* (1993): 357–381.

Aufmerksamkeit ist die seltenste
und reinste Form der Großzügigkeit.

Simone Weil

Zweifeln Sie niemals daran, dass eine kleine Gruppe kluger und engagierter Menschen die Welt verändern kann. Tatsächlich ist das die einzige Art und Weise, wie dies je geschah.

Margaret Mead

Alle Bilder in diesem Buch wurden von den Teilnehmern unserer Veranstaltungen und dem Team von Courage11 gemacht. Wir sind dankbar dafür, dass wir die atemberaubende Schönheit der Natur überall auf der Welt erleben durften.